무모한 청년의 거침없는 질주

자전거
무전여행

몽모한 청년의 거침없는 질주

자전거 무전여행

초판 1쇄 찍음 2011년 7월 5일
초판 1쇄 펴냄 2011년 7월 10일

지은이 임성원
펴낸이 유정식
진행 박수현

편집 · 표지디자인 이승현

펴낸곳 나무자전거
출판등록 2009년 8월 4일 제 25100-2009-000024호
주소 서울 노원구 상계3 · 4동 60-1번지 성림 101-406호
전화 02-6326-8574
팩스 02-6499-2499
전자우편 namucycle@gmail.com

이 도서의 국립중앙도서관 출판시도서목록(CIP)은 e-CIP홈페이지(http://www.nl.go.kr/ecip)와 국가자료
공동목록시스템(http://www.nl.go.kr/kolisnet)에서 이용하실 수 있습니다.(CIP제어번호: CIP2011002724)

무모한
청년의
거침없는질주
자전거
무전여행

임성원 쓰고 찍고 그리다.

나무
자전거

여유를 담는 자전거여행

왜 자전거로 여행을 하게 됐을까? 이 물음에 대한 답은 중학교 3학년 시절로 거슬러 올라간다. 당시 난 만화에 관심을 갖기 시작하던 때라 만화를 그릴 때 쓰는 도구(잉크, 펜촉, 스크린 톤 등)에 관심이 많았다. 그렇지만 시골이라 그것들을 살 곳은 마땅치 않았다. 그러던 어느 날 우연히 중심가 상점에 만화도구를 파는 곳이 있다는 정보를 입수하게 되었고 친구와 함께 찾아가 보기로 했다.

그 중심가는 버스를 타면 왕복 3시간 안에 충분히 다녀올 수 있는 거리에 있었다. 하지만 왠지 모르게 자전거를 타고 가는 걸 당연하게 생각하고 있었다. 지금 생각해보면 어이가 없다. 자전거로 장거리를 다녀본 경험도 없는 나이 어린 중학생이 왕복 80km 정도 되는 거리를 자전거로 갔다 올 생각을 하다니.

출발은 토요일. 날씨도 쾌청하고 혼자가 아니라(친하게 지내던 친구를 구슬려 함께 자전거를 타고 가게 되었다.) 더 힘이 났다. 뜨거운 여름날, 자전거 두 대는 천천히 40km나 떨어진 목적지를 향해 달리기 시작했다. 그렇게 3시간쯤 달렸을까, 점점 후회가 밀려왔다.

  '윽, 내가 왜 이런 미친 짓을……'

역시 중학생 체력으로 왕복 80km는 무리였나 보다. 40km 정도를 달려 목적지에 도착할 즈음엔 거의 녹초가 되어 다리가 후들후

들 떨리고 있었다. 하지만 자세히 알아보지도 않고 나섰기 때문에
만화 도구를 파는 상점은 찾지도 못하고 한참을 헤매다 결국 포기
하고 집으로 돌아가게 되었다. 집으로 돌아가는 도중 결국 난 자전
거를 팽개치고 바닥에 누워버리고 말았다.

"못 가. 더 이상은 못 가! 그냥 날 죽여~!"

다행히 친구는 체력이 나보다 10배 정도 좋은 녀석이라 날 뒷좌석
에 싣고 묵묵히 집까지 달려주었다.

집에 돌아왔을 땐 꼴이 말이 아니었다. 바지 밑단이 체인에 씹히고
긁혀 군데군데 찢어지고 온몸은 땀으로 범벅이 되어 쉰내가 진동
했다. 사실 집에는 도서관 간다고 거짓말을 하고 도서관에 가방을
놔두고 왔었다. 그때 당시 고등학교 입시가 얼마 남지 않은 상황이
었으니까. 도서관에서 대충 세수를 하고 2시간 정도 엎드려 잔 뒤
집으로 들어갔다. 당연히 집엔 도서관에서 열심히 공부하다 온 것
처럼 능청스럽게 연기했다. 물론 부모님은 아무 말씀 없으셨지만
바지 꼴만 보더라도 공부하다 온 건 아니란 걸 아셨을 것이다.

돌이켜보면 힘들기는 했지만 재밌었던 기억이 더 많이 남아있다.
자전거를 타며 보는 풍경은 차를 타고 가며 보는 풍경과는 완전히
달랐으니까.

시원한 강바람.

한여름 아스팔트 위의 뜨거운 열기.

쩌렁쩌렁 귀를 울리는 매미 소리.

몸으로 체험하며 느낀 것들은 머리로 익힌 것들에 비하면 훨씬 오래 기억에 남는다고도 하지 않던가. 이제껏 보지 못했던, 주목하지 않았던 사소하지만 아름다운 풍경들은 추억이 되었다.

친구와 의지해 가며 그 먼 길을 돌아 결국은 무사히 돌아온 그날을 난 아직도 잊지 못한다. 아마도 그때부터 '자전거여행'이 내 맘속 깊이 들어오기 시작했는지도 모르겠다.

여행을 하는 방법은 여러 가지가 있고 사람마다 각자가 선호하는 여행 스타일이 있을 것이다. 어느 것이 더 좋다 나쁘다 말할 순 없지만 그 중에서도 내가 자전거여행을 선호하는 이유는 단 하나.

느리게 가는 만큼 더 많은 것을 보고 느끼고 경험할 수 있으니까.

나뿐만 아니라 책을 읽게 될 독자들 역시 자전거여행의 매력을 간접적으로나마 체험할 수 있길 바란다.

6월의 어느날
임상원

Travel Route

자전거여행 이동경로

충청도~경기도

서울　남양주
구리
안양　　양평
시흥　여주

대부도

평택
아산　천안
청주

대전

전주

충청도~강원도

동해

정선
여주　　영월
제천
충주　단양

울릉도

천부

나리분지

와달리

성인봉

저동

독도박물관

도동

행남산책로

이동 경로 한눈에 보기

울산→ 부산→ 김해→ 창원→ 마산→ 고성→ 진주→ 하동→ 광양
→ 순천→ 보성→ 장흥→ 강진→ 해남→ 영암→ 나주→ 광주→ 담양
→ 정읍→ 전주→ 완주→ 대전→ 청주→ 천안→ 평택→ 화성→ 대부
도→ 시흥→ 안양→ 서울→ 구리→ 남양주→ 양평→ 여주→ 충주
→ 단양→ 영월→ 정선→ 동해→ 울릉도→ 포항→ 울산

자전거 세부명칭

핸들바

안장

안장대
(싯포스트)

싯스테이

허브

서스펜션포크

크랭크

스프라켓   체인

페달

체인스테이

Contens

Contens

전국일주를 꿈꾸다

2009년 12월. 당시 난 땡전 한 푼 없이 집에서 그림을 그리며 하루하루를 보내고 있었다. 어릴 적부터 만화가가 되는 것이 꿈이었기에 부산에서 몇 년간 그림을 배운 후 집에서 공부를 계속했다. 하지만 규율이나 강제성 없는 집에서의 생활은 나를 차츰 나태하게 했다.

좁은 공간, 답답한 장소, 반복되는 일상……. 생각하지 않고 살면 사는 대로 생각한다고 했던가? 그렇게 느슨한 하루하루를 보내며 머리는 굳어가고 살은 점점 찌기 시작하던 어느 날, 우연히 인터넷에 올라온 한 청년의 여행기를 읽게 되었다. 걸어서 우리나라를 여행한 그 청년의 여행기를 읽은 그날, 매일 아무 생각 없이 잘 지내왔던 2평 남짓한 지금의 공간이 좁게 느껴졌다. 그리고 겨우 종이 한 장과 씨름 중인 내가 왠지 작게만 느껴졌다. 이대로 괜찮은 걸까? 방구석에 틀어박혀 밥만 축내며 젊음을 낭비하는 게 과연 옳은 일일까? 그리고 문득 드는 생각.

'나도 어디론가 떠나고 싶다.'

새로운 풍경, 다양한 사람들이 살고 있는 저 넓은 세상이 보고 싶었
다. 그때 마치 6백만 볼트의 전류가 흐르듯 전국일주라는 단어가 내
머릿속을 짜릿하게 강타했다. 그 후 여행을 위한 준비를 시작! … 하
려 했지만 통장 잔고는 밑바닥이었다. 다시 깊은 고민에 빠졌다.

　'돈이 없으니 기차여행은 못하겠고……. 그럼 걸어서 갈까? 아냐,
　제대한 지 얼마 되지도 않았는데 행군하는 것도 아니고.'

그러다 머릿속에 번쩍 떠오른 것, 그건 바로 자전거였다. 가끔 스트레
스가 쌓이거나 속상한 일이 있을 때마다 자전거로 동네를 한 바퀴씩
돌았다. 바람을 가르며 자전거를 탈 때 스트레스가 바람에 실려 하나
둘씩 날아가는 기분, 타보지 않은 이는 모르겠지.

좋아하는 자전거를 타고 여행한다면 아무리 힘들어도 즐거운 일만 가
득할 것 같았다. 게다가 동네에서도 자전거로 여행하는 사람들을 종
종 보아왔기 때문에 자전거 전국일주를 하면 재밌을 것 같다는 생각
을 하곤 했었다. 우선 인터넷으로 여행에 쓸 적당한 자전거의 가격을
알아보았다. 그런데 이게 웬일인가. 10만 원 정도면 그럭저럭 쓸 만
한 걸 살 수 있을 줄 알았건만 가장 싼 생활용 자전거가 10만 원, 거
기다 중·고가형 자전거는 100만 원을 훌쩍 넘는 게 아닌가. 어쩔 수

없이 좀 더 저렴한 수단을 찾던 중, 우연한 기회에 인터넷을 통해 인라인스케이트로 전국일주 중인 한 청년의 동영상을 보게 되었다.

'그래, 저거야! 가격도 저렴하고 기름값 안 드는 인라인이라면 더 이상 돈 걱정할 필요는 없겠지.'

그 후 곧바로 인터넷에서 5만 원짜리 저가형 인라인을 구입하였다. 그리고 첫 시승. 결과는?

암울 그 자체…….

나름 자신 있었건만 막상 타보니 균형도 제대로 잡지 못하고 허우적대다 넘어지기 일쑤였다. 하지만 이렇게 쉽게 포기할 순 없는 일! 그날 이후 한 달 동안 하루도 빠지지 않고 꾸준히 인라인을 타기 시작했다. 그런 노력 덕분인지 언제부턴가 더 이상 넘어지지 않게 되었고, 점차 다양한 기술들을 익히며 실력을 쌓아갈 수 있었다. 그중에서도 유독 열심히 연습한 게 바로 브레이킹 기술이었다. 확실한 제동장치가 없는 인라인스케이트에서 제동은 목숨과 직결되기 때문이다. 그렇게 인라인을 타기 시작한 지도 어느덧 40여 일이 되었다.

그동안의 노력으로 어느 정도 자신감도 붙었기에 도로주행을 나가보기로 했다. 여행을 위해 도로주행 경험은 필수였으므로 인라인을 신고 힘차게 첫발을 내딛는데,

자, 자전거로 갈아타자.

40일간의 노력이 물거품이 되는 순간이었다.

알아두면 유용한 자전거 관련 사이트

✿ **자여사(http://cafe.naver.com/biketravelers)**

자여사(자전거로 여행하는 사람들)는 국내 최대 규모의 자전거여행 카페로 여행을 위한 세부적인 준비사항과 여러 경험자의 조언, 여행기 등을 볼 수 있다.

✿ **자출사(http://cafe.naver.com/bikecity)**

자출사(자전거로 출퇴근하는 사람들)는 자전거에 대한 정보와 더불어 지역별 자전거 출퇴근 정보가 보기 쉽게 정리되어 있다.

✿ **울릉MTB(http://cafe.daum.net/ullung.bike)**

울릉도의 아름다운 모습과 자전거 코스를 한눈에 볼 수 있다.

✿ **제주도세바퀴(http://cafe.naver.com/jejuroads)**

제주도의 자전거 길과 올레길, 그 밖의 관광정보에 대해 알아볼 수 있다.

✿ **바이크매거진(http://www.bikem.co.kr)**

자전거 종합 정보 사이트. 자전거 정비 및 대회 일정, 여행기 등 다양한 정보가 통합적으로 소개되어 있다.

✿ **바이크셀(http://www.bikesell.co.kr)**

자전거 및 자전거 용품 중고거래 사이트이다.

Episode 02.

출격 준비

자전거여행을 결정한 후 조금이라도 저렴한 자전거를 구입하기 위해 자여사를 비롯한 여러 사이트를 뒤지기 시작했다. 그렇게 1주일 정도를 찾던 중, 집 근처의 한 아저씨에게 어느 정도 여행에 적합한 24단 MTB(주: Mountain Bike-산악자전거)를 22만 원이라는 저렴한 가격에 구입할 수 있었다. 야호~!!

비록 값비싼 고급자전거는 아니었지만 전 주인이 별로 타지 않았는지 상태는 거의 새거나 마찬가지였다. 기쁜 마음으로 직거래를 마친 뒤 자전거 성능 테스트도 할 겸 집까지 자전거를 타고 가기로 했다.

'마치 천군만마를 얻은 이 느낌~. 좋아, 한번 달려보자!'

그런데 이게 웬일? 자전거의 기어 변속이 잘되지 않았다. 기어 변속 후 페달을 밟을 때마다 체인이 크랭크에 닿아 '드르륵, 드르륵' 하는 불쾌한 소리가 났다.

'젠장~, 제대로 보고 살 걸. 이거 고장 난 거 아냐? 어쩐지 싸게 판다 했지!'

순간 아저씨를 향한 원망이 물밀듯이 일어났다. 아무것도 모르는 순진무구 청순가련한 청년을 상대로 사기를 치다니! 하지만 이제 와서 실망해봤자 어쩔 수 없는 일. 제대로 확인하지 않고 싸다고 낚싯밥부터 덥석 물어버린 내 잘못도 있으니 말이다. 아무튼 문제 해결을 위해 집 근처의 자전거가게에 들렀고 이내 해답을 얻을 수 있었다.

"기어 변속 시에 체인이 대각선이 아닌 일자가 되도록 변속을 하는 것이 좋아요. 24~27단의 경우에 보통 앞뒤 스프라켓을 4개 범위 이내로 변속하는 것이 바람직하죠. 이를 어길 시 힘의 효율도 떨어질 뿐더러, 체인과 스프라켓의 마모로 이어져 체인의 수명도 짧아지게 된답니다."

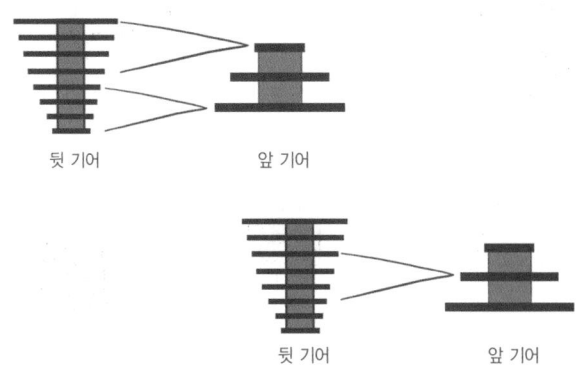

뒷 기어   앞 기어

뒷 기어   앞 기어

결론은 자전거엔 아무 이상이 없다는 것이었다.

'뭐야, 괜히 긴장했잖아.'

곧바로 본격적인 여행 준비를 위해 자전거 용품을 구입하기 시작했다.

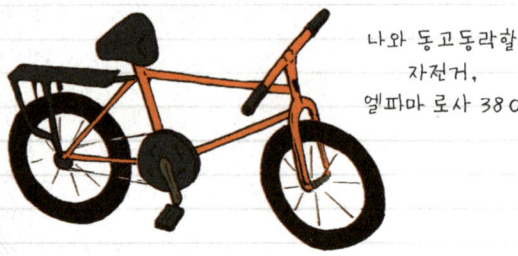

나와 동고동락할
자전거,
엘파마 로사 380

헬멧

5천 원짜리
고글

벙거지모자

자전거용 장갑

운동화

안면마스크

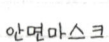

팔 토시

2만 5천원의 초저가형 패니어
(자전거 전용 가방,
여행을 끝내고 돌아올 즈음에
거의 걸레가 되었다.)

여벌의 옷, 속옷, 양말
(지퍼백 포장)

말 그대로
관광용 지도

필기도구

세면도구
(비누, 샴푸, 면도기,
수건, 치약, 칫솔, 로션)

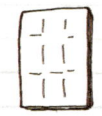

김장용 비닐 2장

휴대용
카메라

비옷(여행을 마치고
집에 도착할 무렵에는
거의 다 찢어졌다.)

물통

근육통 로션
(다른 약은 가져가지 않아
곤란한 경우가 많았다.
감기약, 몸살약 정도는 챙기시길!)

5천 원짜리 저가형 속도계
(유용하게 잘 사용했지만
집에 돌아올 무렵에 고장이 났다.)

휴대용 펌프

펑크 패치 및
휴대용 공구 세트

체인 오일

젤라틴 안장
(남성에게 강추!)

예비 튜브 2개

1-2인용 텐트

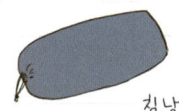
침낭

2천 원짜리 그물망
(유용한 아이템,
늘어나는 짐을 관리할 수 있다.)

2002 월드컵 돗자리

실내용 슬리퍼
(씻을 때 요긴하며
가볍고 휴대성이 좋다.)

패니어(Pannier)

패니어란 자전거의 짐받이 옆으로 고정할 수 있게 설계되어 많은 짐을 효과적으로 실을 수 있는 자전거용 가방입니다.

핸들바백
(Handlebar Bag)

안장가방(Saddle Bag)

탑백패니어
(Top Bag Pannier)

프론트패니어
(Front Pannier)

리어패니어
(Rear Pannier)

가격대는 2만 원부터 30만 원의 고가형까지 다양하며 방수재질일수록 가격이 비쌉니다. 대중적이고 널리 쓰이는 제품으로는 도이터(Deuter), 독일의 완전 방수패니어인 오르트립(ORTLIEB), 국산 브랜드인 QAMM 등이 있지요.

저는 재정상의 문제로 방수커버나 방수패니어를 살 수 없었기에 비가 올 때마다 패니어를 쓰레기 봉투로 싸서 다녔지요. 금전적인 여유가 있다면 방수커버나 방수패니어의 구입을 추천합니다.

Episode 03.
느리게 걷자

드디어 출발 당일, 가는 날이 장날이라더니 일기예보에선 영하의 싸늘한 추위와 중국에서 날려 오는 황사에 대비해 마스크를 착용하라는 보도가 나온다. 그런데도 이상하게 마음이 편안한 건 왜일까? 자전거 여행을 하기에 썩 좋은 날씨는 아니지만 곧 떠난다는 사실 때문인지 가슴이 자꾸 두근거린다. 처음 떠나는 여행에 대한 설렘 때문일까?

무전여행을 할 생각이었기에 돈은 한 푼도 챙기지 않으려 했건만 어머니께서 한사코 주머니에 3만 원을 넣어주신다. 거절할 수도 있었지만 내심 불안한 마음도 있어 못이기는 척 주머니에 찔러 넣었다. 이윽고 모든 출발 준비를 마친 후 자전거에 패니어를 부착한다. 옆에선 어머니께서 걱정스런 눈빛으로 바라보고 계신다.

　"아들, 그냥 내일가지 그러냐. 오늘은 날씨도 춥고 바람도 많이 부는데."

　"그렇게 계속 미루면 끝내 못 간다니까. 걱정하지 마세요. 잘하고 올 테니."

하지만 어머니께서는 여전히 근심 어린 표정으로 날 바라보신다. 걱정하시지 않도록 늠름한 모습을 보여드리기 위해 절도 있게 패니어를 짐받이에 장착하려는 순간, '찌이이익' 하는 소리와 함께 가방이 뜯어졌다. 더 걱정스런 눈빛으로 날 만류하시는 어머니.

'아······. 이게 아닌데.'

다시 집으로 들어와 뜯어진 가방을 꿰맨 후 드디어 출발!

일기예보와는 달리 화창한 날씨에, 왠지 순풍에 돛단 듯 순조로운 여행길이 될 것 같은 느낌이 든다. 가보지 못한 미지의 세계에 대한 동경과 설렘으로 페달을 밟는 발놀림도 점점 빨라질 무렵, 내 옆으로 자전거 한 대가 날 추월해갔다. 교복을 입고 자전거로 등교하는 고등학생이다. 순간 나도 모르게 경쟁의식이 발동했다. 가소로운 놈. 이래봬도 네가 엄마 젖 먹고 있을 때 난 두발자전거(비록 보조바퀴를 달긴 했지만)를 타던 몸이라고!

'좋아. 다시 제쳐주마!'

페달에 더욱 박차를 가하기 시작! 하지만 그것도 잠시, 집을 떠난 지 겨우 2시간 남짓 지났을 뿐인데 몸은 이미 마라톤 풀코스를 완주한 듯 피로한 느낌이 다.

보통 자전거여행을 하는 사람들은 전국일주나 그 밖의 장기여행에 앞서 짧게는 1박 2일에서 길게는 4박 5일 정도의 예비여행을 한다. 그 기간 동안 자신의 체력상태를 체크하고 불필요한 짐을 걸러내며 좀 더 효율적인 여행 준비를 하는 것이다. 하지만 준비성 제로인 난 예비 여행을 하지도 않았고 자전거를 타고 언덕은커녕 평지도 달려보지 않은 상태였다. 거기다 자전거여행의 기본 중의 기본인 펑크도 때울 줄 몰랐다. 말 그대로 '가다 보면 다 되겠지.'란 막무가내 식으로 출발한 것이다.

그 결과 여행 첫날부터 빌빌거리는 꼴이라니. 짐을 실은 자전거가 이렇게 무거울 줄 상상이나 했겠는가. 이내 숨이 턱까지 차오르고 물을 계속 마셔도 땀이 비 오듯 흐른다. 거기다 타고난 길치인 덕에 고향인 울산에서조차 길을 잃고 헤매고 있다. 역시 좀 더 준비한 뒤 출발했어야 했나? 조금 걱정은 했지만 이 정도일 줄이야……. 더구나 빠른 속도로 옆을 스쳐 지나가는 차량 때문인지 긴장감은 더해가고 마음의 여유조차 사라진다.

  '아, 그냥 집에 갈까? 지금이라면 늦지 않았어. 아직 얼마 오지도 않
  았고.'

생각은 그렇게 하지만 페달을 굴리는 발은 멈추지 않는다. 그래도 오기가 있지, 어떻게 하루 만에 포기하고 돌아갈 수 있겠는가! 좁고 답답한 공간을 벗어나 더 많은 것을 직접 몸으로 느끼고 경험해 보기 위해 시작한 여행이 아니던가. 지금 돌아가면 결국 제자리일 뿐이다. 돌아가고 싶은 맘이 굴뚝같지만 꾹 참고 앞으로 나아간다. 하지만 역시 힘에 부쳐 좀 더 달리다 결국 갓길에 드러누워 버렸다. 하늘은 한없이 맑고 푸르건만 내 머릿속은 온갖 잡생각으로 먹구름이 가득 끼었다. 역시 쉬운 일은 없구나.

바로 그때.

집을 나온 지 이제 겨우 하루, 긴장과 체력고갈로 지쳐있었지만 처음 보는 낯선 이의 따뜻한 응원에 힘입어 차츰 마음의 여유를 되찾아 갔다. 그제야 이제껏 보지 못했던 주변 풍경이 눈에 들어오기 시작했다. 집에서 고작 몇 걸음 더 나왔을 뿐인데 항상 보아왔던 것과는 너무도 다른 아름다운 풍경이 내 눈앞에 펼쳐진다.

"그래, 좀 더 여유를 갖고 천천히 가자. 빠르게 갈 순 없지만 천천히, 어디까지라도 갈 수 있으니까!"

하지만 그전에

...길부터 좀 찾자. -人-;;

속도계

자전거의 시속 및 이동거리 등을 알려주어 효율적인 운행을 할 수 있게 도와주는 속도계. 어떤 기능들이 있을까요?

✿ 총 주행거리(ODO) 및 현재 주행거리(DST) 표시

✿ 최고속도(MXS) 및 평균속도(AVS) 표시

✿ 주행시간(TM) 표시

✿ 분당 바퀴 회전수(RPM) 표시

✿ 시간 표시

가격대도 5천 원에서 10만 원대까지 다양해 큰 부담 없이 구입할 수 있습니다. 하지만 속도계가 꼭 필요한 것은 아니기 때문에 필수 선택사항은 아니랍니다. 그렇지만 자신의 하루 이동거리와 시간을 알면 목적지까지의 도착시간을 예상할 수 있으니 좀 더 계획적인 여행을 할 수 있겠죠?

이 정도면 한 시간 내로 도착!

초보 여행자

울산에서 멍청하게 길을 잃고 몇 시간을 헤맨 후에야
겨우 양산으로 가는 7번 국도를 발견했다. 집에서 가
지고 나온 생활관광지도는 길을 찾는 데 전혀 도움이
되지 않았다. 지도를 보고 길을 찾아가려면 최소한 주
요 국도번호와 지방도 번호 정도는 나와 있어야 하는
데 이놈의 생활관광지도는 고속도로번호 밖에 나와 있
질 않았다. 이 지도로 전국일주에 성공한다면 기네스
북에 올라도 손색이 없을 것이다. 힘들게 7번 국도를
찾아 드디어 울산을 빠져나가려는 순간,

'끼익-, 퍽!'

골목길로 진입하던 자가용이 자전거 패니어를 박고 말
았다. 첫날부터 접촉 사고라니…….

"죄송해요. 괜찮아요?"
"네……. 괜찮아요."

다행히 다친 곳은 없던 터라 자가용을 보낸 뒤 패니어
를 살펴보니 귀퉁이가 찢어져 너덜너덜해져 있었다.

'제길, 싼 거라 다행이지. 비싼 거였으면 울어버렸을 거야.'

아무튼 무사히(?) 양산으로 진입해 숨 좀 돌리나 했더니 또 다른 문제가 발생했다. 마침 도시 전체가 도로공사 중인 탓에 도롯가엔 모두 진입금지 바리케이드가 처져있어 아예 갓길이 없었다.

이런 X같은!!!

어쩔 수 없이 차도를 달려야 하는 상황이었다. 신호등을 주시하며 차들이 신호에 걸리길 기다렸다. 그리고 빨간불이 켜지는 순간에 맞춰 차도를 미친 듯 질주하길 수차례 반복한 후에야 겨우 양산을 빠져나와 부산으로 진입할 수 있었다. 이 모든 상황이 초보 여행자인 내겐 낯설고 두려웠다. 더구나 여행 첫날부터 무리하게 자전거를 탔기 때문인지 무릎도 약간 뻐근한 느낌이 들었다.

보통 자전거여행과 같이 장거리 이동을 할 경우 높은 기어비로 페달링을 적게 하기보단 낮은 기어비로 회전수를 늘려 타는 게 피로도 덜

하고 자전거도 더 오래 탈 수 있다. 하지만 아무것도 모른 채 높은 기어비를 유지하며 힘으로만 페달을 밟았던 나는 부산의 광안대교에 도착할 즈음엔 완전히 녹초가 되었다.

1994년 8월에 착공하여 2003년 1월 6일에 개통한 광안대교는 우리나라 최초 2층 해상 교량임과 동시에 다양한 조명 시스템으로 인해 아름다운 야경을 즐길 수 있는 부산의 관광명소이다. 하지만 녹초가 된 몸으로 야경을 감상하기 위해 기다리는 것은 무리였다.

일단 무조건 쉬고 보자는 마음에 지친 몸을 이끌고 야영장소를 물색해보지만 마땅한 장소가 보이지 않았다. 첫날이라 그런지 겁도 좀 난다. 그렇게 생각하고 나니 갑자기 별의별 생각이 다 들고 불안해지기 시작했다.

'이런 도심 한복판에서 자다가 누군가에게 살해라도 당하면 어쩌지?'

결국 그동안 오래도록 스승님을 찾아뵙지 못했다는 핑계 아닌 핑계로 자신을 합리화시킨 뒤 부산에 사는 스승님 댁으로 향했다. 덕분에 첫날은 스승님 댁에서 편히 쉴 수 있었다.

RPM

RPM(Revolution Per Minute)이란 분당 페달 회전수를 뜻하며 RPM이 높을수록 효율적인 주행이 가능합니다. 보통 초보자들은 대부분 높은 기어비를 이용한 힘 위주의 페달링을 하곤 하는데 이는 옳지 않은 방법입니다. 힘으로만 자전거를 타면 쉽게 지칠 뿐더러 무릎에도 무리가 와 부상을 입을 수도 있지요. 반대로 페달링을 늘려 자전거를 타면 다리에 무리가 가지 않고 심폐기능도 좋아집니다.

가장 이상적인 페달링 속도는 80~100RPM 정도입니다. 장거리를 여행하기 위해선 평지에서 80RPM 정도를 유지하는 것이 좋습니다. 사이클 선수들은 보통 90RPM 이상을 유지한다고 하네요. 여러분도 꾸준한 연습을 통해 페달링 속도를 높여 효율적으로 주행하길 바랍니다.

Episode 05.
마음의 여유

다음날 아침. 이상하게 아침 일찍 눈이 떠졌다. 집에선 9시간을 내리 자도 피곤했건만 오늘은 이상하게 몸이 가볍다.

　'어제 그렇게 피곤했는데……. 운동을 해서 개운한 건가?'

스승님 댁에서 아침식사 후 출발 준비를 서둘렀다.

　"차 조심하고 잘 다녀와라. 기왕 시작한 거 재밌게 여행하고."
　"네, 선생님. 끝나고 나서 들를게요. 다녀오겠습니다."

어제 하루 여행하는 동안 생활 관광용지도로 길을 찾아가는 건 정말 말도 안 되는 바보짓이라는 걸 깨달았다. 오직 관광정보만 수두룩이 나와 있는 지도 같지도 않은 지도. 이걸로 여행을 하려 했다니, 난 얼마나 무모했던가.

일단 지도를 구하기 위해 서점에 가 보기로 했다. 무전여행인 만큼 집에서 받은 돈은 쓸 생각이 없었다. 하지만 지도가 없으면 당장 어디로도 갈 수 없단 걸 집을 나선 지금에야 깨달았기에 돈을 쓰더라도 일단 지도부터 구하기로 했다. 하지만 내가 사려던 한 장짜리 전도는 어디에도 없고 모두 책자형식의 값비싼 지도책 뿐이었다. 서점을 나와 이번엔 여행사를 찾아가 보았다. 여행사이니 만큼 한국전도 한 장 정도는 있겠지.

"안녕하세요. 전 자전거로 여행 중인 학생인데요. 혹시 우리나라 전
국지도를 구할 수 있을까요?"

"없는데요. 동남아나 일본지도 같은 경우는 있지만 한국지도는 없어
요. 아마 다른 여행사를 찾아가셔도 구하기 힘들 거예요."

희망을 품고 찾아간 여행사에서 내 기대가 무참히 짓밟혔다.

"그럼 혹시 이 근처에 지도 구할만한 데가 있을까요?"

"음……. 아마 백화점 가는 길을 쭉 따라가시면 지도가게가 있을 거
예요. 거기 가면 한 장짜리 전도를 구하실 수 있을지도 모르겠
네요."

여행사 직원이 일러 준 대로 가보니 다행히 지도가게가 있었고 내가
원했던 한 장짜리 전도를 5천 원에 구입할 수 있었다.

거금 5천 원의 뼈아픈 지출에 가슴은 아팠지만, 동시에 이젠 내가 원하는 곳이라면 어디든 갈 수 있단 사실에 흥분되기 시작했다. 곧 다음 목적지인 봉하마을로 가기 위해 제2만덕터널로 향했다.

난 여태껏 터널이 자전거로 건너기에 얼마나 위험한 곳인지 전혀 모르고 있었다. 별생각 없이 후미등을 켜고 유유자적 터널로 진입한 순간 엄청난 소리에 깜짝 놀라 패닉 상태에 빠지고 말았다. 뒤에서 달려오는 차 소리가 사방으로 메아리쳐 평소보다 20배 정도 크게 들리는 게 아닌가. 조그마한 소형 승용차가 지나갈 때마저 불도저와 탱크, 제트기가 지나가듯 터널 안을 울려댔다. 마치 확성기라도 달아 놓은 듯 터널 전체를 울리는 소음 때문에 한시라도 빨리 이곳을 벗어나고 싶었다. 바로 그때, 한 대형화물트럭이 말 그대로 깻잎 한 장 차이로 자전거를 스치고 지나갔다. 순간 제동력을 잃은 자전거가 휘청거렸고, 그로 인해 차도 깊숙이 진입하고 말았다. 동시에 뒤에서 오던 한 승용차가 미친 듯 빵빵거리기 시작했다.

"조심해, 이 자식아!!!"

얼른 핸들을 돌려 다시 갓길로 바짝 붙었다. 마음이 조급해서 그런지 겨우 2km 정도 되는 터널일뿐인데 마치 10km는 되는 것처럼 출구가 멀게만 느껴졌다. 아직 3월의 쌀쌀한 날씨임에도 너무 긴장한 탓인지 온몸이 땀에 흠뻑 젖어버렸다. 멀리 터널 끝으로 비치는 새하얀 빛이 마치 천국의 문처럼 보였다. 그럼 여긴 지옥인 셈인가? 정신없이 터널을 빠져나와 일단 갓길의 횡단보도에 앉아 잠시 숨을 골랐다. 고작 터널 하나 지났을 뿐인데 왠지 오늘은 여기까지만 달리고 쉬어야 될 것 같은 기분이다. 어차피 시간은 남아도니 마음이 가라앉을 때까지 근처 벤치에 앉아 좀 더 쉬어가기로 했다. 그렇게 땀을 식히며 늘어져 있던 중 마침 수레에 짐을 싣기 위해 무거운 상자를 옮기시는 할머니의 모습이 눈에 띄었다. 그 주변으로 많은 사람이 지나가고 있었지만 그들에겐 할머니의 모습이 보이지 않는 듯했다.

　"이리 주세요, 할머니."
　"아냐. 괜찮은데."

얼른 달려가 할머니의 짐을 옮겨드리고 수레에 차곡차곡 쌓은 후 묶어드렸다.

　"고마워. 학생 보니까 군대에 있는 우리 손자 생각나는구먼. 그나저나 고마워서 우짜노. 보답을 좀 해주고 싶은데……."

할머니께서는 몇 번이나 고맙다고 하시더니 갑자기 주머니를 뒤적거리기 시작했다.

　'엇! 뭐지? 뭘 꺼내시려고. 혹시, 돈?'

　"할머니, 건강하시고 안녕히 계세요."
　"학생, 기다려봐. 학생~!"

날 부르시는 할머니의 목소리를 뒤로한 채 자전거를 타고 얼른 그 자리를 벗어났다. 현대인들은 항상 경쟁하듯 바쁘게 살아간다. 그렇게 쉼 없이 앞만 보며 살아가는 생활 속에서 남을 돌아볼 만한 여유가 있을까? 나 역시 여행 중이 아닌 일상 속이었다면 과연 할머니를 도와드렸을는지. 세상이 진보하고 가속화될수록 우리의 삶은 점점 편리해지고 있다. 하지만 그로 인해 주위를 둘러볼 여유마저 잃고 살아가는 우리의 삶……. 왠지 씁쓸한 기분이 들었다.

자전거여행의 복병, 터널!

터널은 일반도로보다 갓길이 좁고 어둡기 때문에 평소보다 더 주의해야 합니다. 그럼 터널을 건널 때의 요령과 주의사항에 대해 알아봅시다.

1. 터널을 건너기 전에는 항상 후미등을 밝혀 자신의 존재를 알려야 합니다.

2. 갓길보단 차라리 공간 확보에 좀 더 여유를 두고 경계선 안쪽으로 가는 것이 좋습니다. 완전히 갓길에 붙어버리면 차들이 안심하고 더 빨리 달리기 때문에 오히려 갓길로 가는 게 더 위험할 수도 있습니다.

3. 이도저도 자신이 없을 땐, 차라리 자전거에서 내려 자전거를 끌고 가는 것이 제일 안전합니다.

하지만 아무리 안전하게 간다 해도 차량이 빵빵거리면 긴장할 수밖에 없죠. 자전거 왕국인 일본은 어떨까요? 그냥 안전하게 도로 중간으로 가면 됩니다. 일본 운전자들은 자전거가 중앙으로 다니면 추월하거나 경적을 울리지 않고 천천히 뒤따라간다고 합니다. 또 보행자 전용로가 설치되어 있거나 바깥쪽으로 길을 내어 놓은 경우도 있어 좀 더 안전하게 다닐 수 있지요. 한국도 얼른 전용로가 생기고 운전자들의 의식수준이 개선되면 좋겠네요.

Episode 06.
대책 없다

다음 목적지인 봉하마을로 가기 위해 김해로 방향을 잡았다. 김해로 가기 위해선 일단 구포대교를 건너가야 했다. 그렇지만 울산토박이임에도 울산에서조차 길을 잃어버리는 타고난 길치인 내가 다리를 찾는 것이 쉬울 리 없었다. 그렇게 한참을 헤맨 뒤에야 구포대교를 발견할 수 있었다.

'앞날이 캄캄하구나.'

그런데 구포대교를 건너기 위해 다리에 올라서는 순간, 정체를 알 수 없는 표지판 하나가 눈에 띄었다.

어라?
이게 뭐지?

통행금지
1. 오토바이
2. 경운기, 트랙터
3. 우마차 및 손수레
4. 자전거
5. 보행자
한국도로공사

"자전거 진입금지? 체엣, 웃기고 있네. 왜 자전거는 안 되는데?"

자전거 금지이건 말건 가볍게 무시해주고 다리로 진입했다. 그리고 다리를 다 건널 즈음, 그제야 무언가 이상하다는 것을 느꼈다. 항상 도로 옆에 나 있던 갓길이 다리를 건너자마자 완전히 사라져버린 것이다.

"뭐야 이게. 자전거 금지란 게 이런 뜻인가?"

설마 죽기야 할까 싶어 그냥 가려 했으나 다리를 건너기 전에 봤던 표지판이 마음에 걸려 잠시 고민에 빠졌다. 그때 마침 뒤에서 '위이이이이잉~~~' 하는 사이렌 소리가 들리기 시작했다.

"앞에 자전거! 자전거 당장 돌리세요!!!"

어리둥절한 사이에 경찰들이 차에서 내려 내게로 다가왔다.

"이봐요. 여긴 고속도로 진입로라고요. 웬 자전거가 고속도로로 가고 있단 신고가 와서 와봤더니만. 여긴 대체 왜 올라온 거예요?"

"고속도로라뇨? 전 그냥 김해로 가려고 구포대교를 건너려던 것뿐인데요."

"구포대교는 이 다리가 아니라 좀 더 올라가야 있어요. 이건 남해고속도로로 들어가는 제2낙동대교라고요. 당장 자전거 빼세요."

아……. 그럼 아까 봤던 게 고속도로 진입금지 표지판? 이게 무슨 망신이람. 이내 자전거를 돌려 다시 다리를 건너기 시작했다. 경찰차는 내 뒤에 바짝 붙어 사이렌을 울리며 이목을 집중시켰다. 그 덕에 고속도로로 진입하는 사람마다 속도를 늦추며 날 주시했기에 민망함은 곱빼기가 되었다. 우여곡절 끝에 다리를 다 건너니 경찰은 차에서 내려 다시 나를 불렀다.

"이리 와서 신분증 좀 제시해주세요."

"네? 잘못했어요. 모르고 그런 거예요. 용서해주세요."

"뭐 잡아가고 그런 게 아니라 그냥 신원조회만 하는 거예요. 걱정하지 말고 신분증 줘보세요."

신원조회를 마친 후 경찰들은 구포대교로 향하는 길을 자세히 일러주었고 앞으론 표지판을 잘 보고 다니란 당부도 잊지 않았다. 난 왜 진입금지 표지판을 보고도 아무런 의심 없이 들어갔을까? 말 안 듣는 청개구리도 아니고. 나도 정말 대책 없는 놈이구나.

각종 표지판

1. 고속도로 : 오직 차만 다닐 수 있습니다. 자전거여 행 중 이 표시를 보면 절대 들어가지 마세요.

2. 국도 : 모든 차량의 통행이 가능합니다. 경운기도 가능하지요.

3. 지방도로 : 노란 네모 칸으로 표기되고 국도와 마 찬가지로 모든 차량의 통행이 가능합니다.

그 밖의 관광지나 유적지는 갈색으로 표시된답니다.

용기 있는 자만이 밥을 얻는다?

시간은 어느덧 저녁 무렵, 봉하마을을 향해 출발한 지도 8시간이 지나고 있었다. 부산의 스승님 댁에서 아침을 먹고 오긴 했지만 점심도 걸렀거니와 운동량이 많아서인지 배가 미친 듯 고파 왔다.

"미치겠네. 저녁은 어떻게 해서든지 먹어야 할 텐데."

주변엔 식당이나 민가도 보이지 않는데 어떻게 끼니를 해결해야 되나? 배고픔을 참아가며 힘겹게 나아가던 중 때마침 식당이 보였다. 무전여행이니 이런 상황은 스스로 해결해야 한다. 언제까지 굶을 수도 없는 일이니 일단 한번 철판 깔고 부탁드려보자!

"계십니까?"
"네. 어떻게 오셨어요?"

아저씨 한 분이 얼굴을 내미셨다.

"아, 안녕하세요. 전 울산에서 왔고요. 자전거로 무전여행 중인 학생인데요. 실례지만 밥 한 공기만 얻을 수 있을까 해서요."

"아. 근데 이걸 어쩌나, 지금 우리 집 장사 안 하는데. 간판은 달려있지만 장사 접은 지는 몇 년 됐거든요."

그러나 문틈으로 보이는 식당 안에는 아저씨의 말과는 달리 식사 중인 몇몇 손님이 보였다.

"아. 그렇군요⋯⋯."
"이 길로 조금만 더 올라가면 식당 많거든요. 그리로 한번 가보세요."
"네. 감사합니다. 안녕히 계세요."

얼굴이 후끈 달아올랐지만 일단 아저씨께서 말씀해 주신 방향으로 올라가 보기로 했다. 그 사이에도 힘은 쭉쭉 빠졌고 그와 동시에 군 시절의 악몽 같던 기억이 되살아났다. 때는 이등병 시절, 행군 도중 해가 저물어 저녁식사를 하기 위해 선임들과 다 같이 둘러앉았다. 열악한 훈련 환경 탓에 밥을 따로 담지 않고 한군데 모아 다 같이 먹어야하기 때문이다. 그런데 밥뚜껑을 열어보니 군대에선 보기 힘든 깨가 뿌려져 있는 게 아닌가.

'이게 웬 깨지? 영양 보충하라고 뿌려놓은 건가?'

의아하기도 했지만 배가 많이 고팠던지라 신경 쓰지 않고 이내 한 숟가락 가득 퍼 입에 넣으려는데, 뭔가 이상했다.

'어라. 깨알이 살아 움직이네?'

자세히 보니 깨알의 정체는 어디선가 냄새를 맡고 날아온 조그마한 날벌레 떼였다. 밥 위에 들러붙은 수십 마리의 벌레를 보자 갑자기 식욕이 싹 사라졌다. 그런데 선임들은 벌레가 있든 말든 신경 쓰지 않고 밥을 퍼먹고 있었다. 나에게도 많이 먹으라 했지만 이미 밥맛이 떨어진 난 조금 깨작거리다 이내 숟가락을 놓았다.

식사를 마치고 다시 행군이 시작됐다. 그런데 얼마 가지 않아 몸에 힘이 빠짐과 동시에 잠이 마구 쏟아졌고 급기야 바닥에 주저앉고 말았다. 탈진을 하고 만 것이다. 곧바로 선임들에게 욕을 바가지로 들었고 그 일을 교훈 삼아 나중엔 밥에 벌레가 있든 말든 무조건 입에 넣고 보았다.

지금 몸 상태가 꼭 탈진했던 그때와 비슷했다. 힘은 점점 빠지고 눈이 감기는 게 금방이라도 쓰러질 것 같은 불길한 느낌이었다. 그렇게 20분 정도 달렸을까? 이내 식당이 보이기 시작해 곧바로 식당을 향해 자전거를 몰았다. 하지만 아까 거절당한 탓인지 정신이 아득해지는 상황에서도 발걸음이 떨어지지 않았다.

'아. 막상 들어가서 뭐라고 말문을 열지? 쫓겨나는 거 아냐? 그냥 지나가자니 더 이상 식당도 안 나올 거 같고.'

그렇게 서서 20여 분을 고민했다.

'에라, 모르겠다. 일단 한번 해보자. 계속 고민해봤자 답도 안 나오니까.'

'이렇게 흔쾌히 승낙하실 줄은 생각도 못했는데…….'

여행을 떠나기 전 대부분의 친구가 요즘 같은 시대에 무전여행을 하는 건 자살행위라고 말했다. 예전 같지 않다고, 외지인에게 친절을 베푸는 사람 따윈 없을 거라고 말이다. 그리고 나 역시 그 말을 완전히 부정할 수만은 없었다. 하지만 처음 보는 내게 선뜻 먹을 것을 내주시는 아주머니의 따뜻한 마음씨를 보니 세상은 아직 정이 넘치고 살만하다는 생각이 들었다.

자전거 바지

▲ 자전거 바지와 패드

자전거를 오래 타다 보면 안장과 맞닿는 엉덩이 부분에 땀이 차 습진이나 물집이 생길 수 있습니다. 저 역시 여행 중 엉덩이에 땀이 차 입고 있던 속옷의 엉덩이 부분이 찢어진 적이 있지요. 출발 당시 속옷 3벌을 챙겼는데 나중엔 3장 모두 다 떨어져 마을 할아버지께 얻어 입기도 했답니다.

그럴 때를 대비해 입는 것이 바로 엉덩이에 패드가 달린 자전거 바지랍니다. 엉덩이 부분에 패드가 달려있어 통증 완화는 물론 통풍이 잘되어 습기가 잘 차지 않습니다. 더군다나 몸에 착 달라붙어 공기 저항을 최소화하기에 라이딩 시 더없이 편리하죠. 다만 너무 착 달라붙는지라 처음 착용하실 땐 약간 민망할 수도 있습니다.

Episode 08.
9시간의 사투

저녁이 다 되어갈 무렵 봉하마을이 보이기 시작했다. 봉화산의 봉수대 밑에 그 터를 잡아 봉하마을이라 이름 지어진 이곳은 故 노무현 대통령의 복원 생가와 묘역, 추모관이 있으며 봉화산 정상에는 정토원이란 이름의 사찰이 있다. 저녁이 다 될 무렵에 도착했는데도 생가와 묘역에는 초등학생부터 나이 드신 할아버지까지 많은 사람이 줄을 잇고 있었다. 나도 자전거를 타고 이곳저곳 둘러보았는데 집 앞을 군인들이 지키고 있어서인지 다소 위압감을 느끼기도 했다.

저녁 무렵 야영을 하기 위해 마을 여기저기를 둘러보던 중 마을 관광안내소 주차장이 눈에 띄었다. 마침 관광안내소에는 화장실까지 있어 야영하기엔 딱 좋은 환경이었다.

"좋아~. 주차장에서 야영하고 관광안내소 화장실에서 씻으면 딱 좋겠어!"

텐트를 다 치고 나니 어느덧 사방이 어두워졌지만 주차장 곳곳에 가로등이 켜져 있어 활동하기에는 전혀 문제가 없었다. 그때 마침 마을 분들이 지나가셨다.

"총각, 여기서 텐트치고 자려고?"
"네. 여기서 하룻밤 자려고요."
"날씨가 이래(이렇게) 추운데 괜찮겠나?"
"걱정 없어요. 몸 하나는 튼튼하거든요. 헤헤."

화장실에서 샤워와 빨래를 하고 텐트로 돌아왔다. 그런데 이상한 건 주차장의 모든 가로등이 켜져 있는 데 반해 텐트를 친 곳의 가로등만

불이 꺼져 있다는 점이다. 아까 만났던 마을 주민이 편히 잘 수 있도록 신경 써 주신 걸까? 알게 모르게 배려해 주신 마음이 고마웠다. 이윽고 저녁 9시경 자리에 누웠다. 그런데 10시가 되어도, 11시가 되어서도 도무지 잠이 오지 않았다. 3월 말이라 어느 정도 날씨가 풀렸을 거라 생각했건만…….

"으으, 추워. 아직 겨울이라 이건가."

날씨가 너무 추워 잠이 오질 않았다. 몸을 웅크리고 어떻게든 잠에 빠져보려 했건만 바다에서 올라오는 한기 때문에 새벽 3시가 되어도 도무지 잠이 오지 않았다.

"으아, 미치겠네. 이러다 동사하는 거 아냐?"

그렇게 뜬 눈으로 밤을 지새우고 있는데 누군가의 발걸음 소리가 들려오기 시작했다. 발걸음 소리는 정확히 텐트를 향해 서서히 가까워지고 있었다.

'뭐, 뭐지? 강도? 망했다!'

녀석의 발자국 소리는 잠든 상태였다면 절대 듣지 못할 정도로 굉장히 작게 들렸다.

'이제 어쩌지? 여기서 난 죽는 건가? 고작 여행 며칠 만에? 해외여행은커녕 결혼도 못해봤고, 친구 녀석에게 빌려준 한정판 만화책도 아직 못 돌려받았는데 이런 데서 허무하게 죽는 건가? 고작 2만 5천 원 때문에?'

이 순간에도 녀석의 발걸음 소리는 점점 더 가까워졌다. 심장이 터질 듯 쿵쾅거렸다. 임기응변으로 주변에 있던 휴대폰을 꽉 움켜쥐고 소리 없이 조용히 일어나 앉았다.

'이 자식. 들어오기만 해봐라. 휴대폰 모서리로 정수리를 찍어주마!'

녀석은 곧 텐트 앞에서 멈춰 섰다. 내리칠 준비를 하며 숨을 죽이고 녀석이 들어오길 기다렸다. 그런데 이상하게도 녀석은 들어올 생각은 하지 않고 밖에서 텐트만 툭툭 치고 있는 게 아닌가.

'어쭈, 이 자식 봐라? 자나, 안 자나 간 보는 거나?'

100% 확신이 들지 않는 이상 들어오지 않겠다는 속셈이군. 좋아. 허를 찔러주마! 어디서 그런 무모한 용기가 났는지 재빨리 작전을 변경해 내가 먼저 선수를 치기로 했다. 소리가 나지 않게 덮고 있던 침낭을 걷고 천천히 입구 쪽으로 이동했다.

'이 자식, 넌 오늘 잘못 걸린 줄 알아라!'

'야옹~'

순간 긴장이 확 풀려버렸다. 텐트 안에는 내일 아침에 먹으려고 남겨 둔 밥과 반찬이 있었다. 고양이는 그 냄새를 맡고 온 모양인지 도시락이 놓여 있는 부분을 툭툭 치고 있었던 것이다. 갑자기 힘이 풀린 탓에 벌러덩 드러누웠다.

'휴. 간 떨어질 뻔했네. 밖에서 자니 별일이 다 있구나.'

그래도 고양이어서 천만다행이었다. 만약 정말 강도였다면 어땠을까? 생각만 해도 식은땀이 흐른다. 그렇게 한밤의 소동이 끝난 후 다시 자려고 누워보지만, 여전히 추운 날씨로 인해 잠이 오지 않았다. 뜬 눈으로 밤을 지새우고 어느덧 새벽 6시가 되었다. 망했다. 결국 한숨도 못 자고 컨디션은 최악이다!

돌아갈까?

최악의 컨디션으로 맞은 아침,
3월 말의 따스한 봄 날씨를 예
상하고 텐트에서 잤다가 그야말
로 동사할 뻔했다. 일어나 보니
몸이 퍽 무거운 것이 피로가 전
혀 풀리지 않은 느낌이다. 몸이
로보캅이라도 된 것 마냥 관절을
굽힐 때마다 뚝뚝 끊어졌다. 천천
히 일어나 텐트에서 아침 식사를
마친 후 출발준비를 서둘렀다.

'으…… . 이런 날씨에 야영은 절대 무리야. 오늘부턴 절이나 마을회
관에 부탁해서 자든지 해야겠다.'

피곤한 몸을 이끌고 다음 목적지인 경상남도수목원으로 향했다. 그
런데 마산과 창원을 지나 진주에 접어들 무렵, 갑자기 무릎이 아파 오
기 시작했다. 잠을 제대로 못 잔 탓일 것이다. 가다 보면 괜찮아 지겠
거니 하고 계속 페달을 밟았다. 하지만 시간이 지날수록 점점 더 아프
기 시작해 급기야 페달을 밟을 수 없을 만큼 아파 왔다.

'미치겠네. 나온 지 며칠이나 됐다고 벌써 이러냐. 돌아갈 수도 없고……'

결국 자전거에서 내린 후 평지와 오르막은 걷기로 하고 내리막에서만 자전거를 타기로 했다. 그런데 마침 그날은 강풍주의보가 발령되어 평지에서도 자전거를 끌기가 쉽지 않았고, 내리막에서조차 페달을 밟아야만 자전거가 앞으로 나갈 지경이었다.

바람이 내게 말한다.

"야. 몸도 아프면서 왜 고생이야. 그냥 집에나 가!"

의지는 점점 약해진다.

'아이고, 다리야. 내가 대체 왜 이 짓을 하고 있는 거지? 집에 있으면 편할 텐데. 그냥 확 돌아가 버려?'

오만가지 생각을 하며 가던 중 웬 마을이 보여 길도 묻고 휴식도 취할 겸 안으로 들어갔다. 마침 지나가는 한 할아버지께 길을 여쭤보기로 했다.

"안녕하세요. 할아버지. 여기서 경상남도수목원까지 어느 정도 남았나요?"

"가까워. 1시간 정도만 가면 금방 나와. 자전거 타고 가면 더 빨리 갈 수 있을 거야."

그럼 거의 다 온 거잖아? 그래, 미루고 미루다 드디어 첫 발을 내디뎠는데……. 여기서 멈추고 집에 가면 난 얼마나 후회하게 될까? 무릎이 괜찮아 질 때까지 걸어가자. 천천히 한 걸음씩! 마음을 다잡고 계속 가보기로 했다. 그런데 바람을 헤치며 걸은 지도 1시간이 지났건만 수목원은 코빼기도 보이지 않는다. 조금만 더 가면 나올 거란 생각에 꾹 참고 2시간을 더 걸었지만 역시나 마찬가지였다.

'헥……. 헥……. 뭐야. 할아버지께서 잘못 알려주셨나?

사실 사람들에게 길을 물으면 대부분 차를 기준으로 생각해 도착 예상시간을 알려주므로 자전거여행 시 이런 점을 유의해서 들을 필요가 있다. 하지만 아직 초보 여행자였던 난 할아버지의 말을 액면 그대로 받아들였기에 맥이 빠질 수밖에 없었다. 걷고 또 걷기를 5시간, 오후 5시 40분경에 드디어 저 멀리 경상남도수목원 입구가 보이기 시작했다. 밀려오는 감동의 물결~! 별것 아닌 일이었음에도 수목원이 보이자 가슴이 뭉클해졌다. 그리고 멈추지 않고 여기까지 걸어 온 내가 조금은 대견스러웠다.

1993년에 반성수목원으로 개관한 뒤 2000년에 이르러 현재의 이름으로 바뀐 경상남도수목원에는 총 1,500여 종의 다양한 식물들이 전시되어 있다. 일요일이라 그런지 수목원을 들어가고 나오는 차량이 주차장을 가득 메우고 있었다. 주차장을 지나 발걸음을 옮기는데 한 표지판을 발견했다.

안장의 높이

자전거를 탈 때 간과하기 쉬운 것이 바로 안장의 높이 조절입니다. 사람마다 체형이 다 다르기 때문에 자신의 몸에 맞게 안장의 높낮이를 조절해야 운동효과와 더불어 효율적인 라이딩이 가능하답니다.

동네를 돌아다니다 보면 땅에 발을 딛기 위해 안장을 너무 낮춰 타는 모습을 종종 볼 수 있습니다. 하지만 안장이 너무 낮으면 다리의 회전 반경이 줄고 무릎에 힘이 쏠리게 되어 순전히 다리 힘으로만 페달을 밟게 되지요. 그 결과 무릎과 인대부상을 비롯한 각종 통증을 호소하게 됩니다.

⚘ 몸에 맞는 안장의 높이 조절법

▲ 그림 1   ▲ 그림 2

위의 그림 1과 같이 안장에 앉은 상태에서 뒤꿈치로 페달을 밟아 무릎이 쭉 펴질 만큼 안장 높이를 조절합니다. 그러면 그림 2와 같이 페달을 굴릴 때 무릎이 약 2~5cm 정도 구부러지게 되죠. 위와 같이 안장을 조절한 후 자신에게 가장 편하고 적당한 높이로 자전거를 타시길 바랍니다.

Episode 10.
행복이란

"이야~, 요새는 자전거 가방이 이래 나오는 갑네?"

고생 끝에 힘들게 도착했지만 수목원 폐장 시간 무렵에 도착했기에 어쩔 수 없이 내일을 기약하며 돌아서려는데 장발머리에 안경을 낀 아저씨께서 내게 다가오셨다.

"네. 자전거 전용 가방이거든요."

"신기하네. 어데서 왔노?"

"울산에서 왔어요."

"내도 예전에 자전거 타고 서울까이 올라갔다 몬 돌아올 거 같아가, 기차에 자전거 싣고 다시 내려온 적 있데이. 이카고(이렇게) 보이 반갑네. 카믄(그러면) 여행 잘하고."

인사 후 아저씨께서는 곧바로 뒤돌아 가버릴 기세셨다. 점심도 거르고 5시간을 걸어 간신히 수목원에 도착한 상태인지라 배가 무진장 고팠던 난 앞뒤 볼 것 없이 돌아가려는 아저씨를 본능적으로 붙잡았다.

"아버님! 사실 제가 무전여행 중이거든요. 초면에 정말 실례지만 과자 좀 사 주실 수 있으세요?"

"응? 과, 과자? 그래. 그람 일로 온나."

갑자기 들이대자 아저씬 당황하신 듯했지만 흔쾌히 앞장서셨다. 알고 보니 아저씨는 수목원 직원이셨고 함께 직원사무실로 들어갔다. 그리곤 수목원 내의 매점에서 과자 2봉지를 사다주셨다.

　"내가 밥이라도 한 끼 사주고 싶은데 근처에 식당이 없어가꼬."
　"아니에요. 이걸로 충분해요. 감사합니다."

아저씨께 인사를 드린 후 사무실을 나오니 해가 지고 있었다. 해가 떠 있는 동안은 괜찮았지만 밤이면 잠을 이루지 못할 만큼 기온이 내려간다는 걸 몸소 체험했기에 당분간 야영은 보류하기로 하고 인근의 마을을 찾아 다시 걷기 시작했다. 이내 한 마을이 보였고, 밭을 매고 계시는 할머니께 곧장 걸어갔다.

　"안녕하세요. 전 무전여행 중인 학생인데요. 혹시 이장님 댁이 어딘
　　지 아세요?"

　"이장은 와(왜)?"

　"실례지만 마을회관에서 하룻밤 신세질 수 있나 여쭤보려고요."

　"저짝(저쪽) 길로 드가가(들어가서) 끝에 있는 집이다."

이장님 댁을 찾아가 다시 내 소개를 한 후 자초 지정을 말씀드렸다.

　"음. 그래. 같이 가자."

쉽지 않을 거란 내 걱정과는 달리 이장님께서는 곧바로 허락해 주셨다. 이장님과 함께 마을회관으로 가니 아까 길을 여쭤봤던 할머니께서도 기다리시다가 같이 회관으로 들어오셨다.

"불 넣으면 따땃할 기야. 따습게 하고 자."

할머니께서는 손수 보일러를 넣어주시고 이장님께서는 이불과 베개를 챙겨주셨다. 그리곤 편히 쉬라 말씀하시고 댁으로 돌아가셨다. 요즘 같은 세상에 누가 낯선 이를 선뜻 재워줄까? 하지만 마을 어른들께선 날 따뜻하게 맞아주셨다. 수목원 아저씨께서 사주신 과자로 허기를 달래며 잘 준비를 하는데, 이장님께서 다시 들어오셨다.

"학생! 그래도 밥은 먹어야지. 우리 집에 밥 차려 놨으니까 가자."

이장님 덕에 저녁도 배부르게 먹은 뒤 회관으로 돌아와 몸을 뉘었다. 지붕이 있는 따뜻한 방에서 잘 수 있다는 것, 그 별것 아닌 일상이 이렇게 소중한 것이었구나.

행복하다.

이렇게 받기만 하기도 뭐해 나도 선물을 하나 드리기로 했다. 다음날 아침, 일찍 일어나 마을회관을 청소한 뒤 이장님 댁에 인사를 드리러 갔다. 그리고 어제저녁에 준비한 선물을 드렸다.

"뭐 이런 걸 다 주노."

말씀은 퉁명스럽게 하시지만 그림을 보며 웃고 계시는 이장님의 모습에 덩달아 기분이 좋아졌다.

이장님께 인사를 드리고 다시 회관으로 오니 마침 할머니께서 와 계셨다.

"지금 가나?"

"네. 할머니. 하루 동안 감사했어요."

"그래. 지금 가믄 은제(언제) 또 올끼고?"

"네? 아……, 그게……."

사실 오늘 이곳을 떠나면 언제 다시 올지 알 수 없다. 어쩌면 다신 오지 않을지도 모른다. 하지만 할머니의 얼굴을 보니 그렇게 말할 수가 없었다. 기약 없는 약속을 하고 싶진 않았지만…….

"하하. 조만간 다시 올 일이 있을 거예요. 그때까지 건강하세요, 할머니."

할머니께도 인사를 드리고 다시 페달을 밟는다. 문득 뒤돌아보니 할머니께서는 사라져가는 내 뒷모습을 계속 바라보고 계셨다.

전립선 안장

자전거여행을 하다 보면 장시간 고정된 자세로 안장에 앉아있게 되어 전립선에 압박이 가해지게 됩니다. 물론 적당한 자극은 오히려 전립선 건강에 도움이 됩니다. 항상 올바른 자세를 유지하며 중간 중간 휴식을 취해준다면 별다른 문제가 되지 않지만 전립선은 남자들에겐 민감한 문제일 수밖에 없습니다. 저 역시 여행 전 일반 안장을 쓰며 불편함을 느껴 전립선 안장을 구입했답니다.

이미 시중엔 다양한 형태의 전립선 안장이 많이 출시되어 있답니다. 그렇지만 가격도 만만찮고 자신에게 맞는 안장과 맞지 않는 안장이 있어 그 차이는 타보지 않는 이상 알기 힘듭니다. 그렇기 때문에 중고매물로 많이 나오기도 하는 것이 안장이지요. 여러 제품을 사용해 보고 자신에게 맞는 안장을 찾는 일도 여행을 준비함에 있어 중요한 사항이랍니다.

행운의 사나이?

마을을 나와 다시 수목원으로 가는 길, 다행히 무릎은 괜찮은 듯한 느낌이다. 어제 보지 못한 수목원 관람도 하고 과자를 사주신 아저씨께도 다시 한 번 인사드릴 겸 페달을 밟는데

대부분의 수목원이나 박물관, 미술관은
매주 월요일에 휴관이라는 것을 처음 알았다.

'젠장. 이런 건 전혀 몰랐는데. 어떻게 할까? 그냥 갈까? 아니면 하루 더 머물까? 아니면 몰래 담이라도 넘어?'

이런저런 생각을 하며 발걸음을 옮기던 중 경비 아저씨와 마주치게 되었다.

"어데서 왔노?"

"울산에서 왔어요. 열심히 왔는데 마침 휴관이네요."

"그래. 원래 이런 데는 월요일날 쉬지. 주말에 사람들이 마이 와가 (많이 와서) 정비도 해야 되고. 아따, 울산에서 왔으면 멀리서 왔네. 카믄(그러면) 자전거로 쉭 한번 둘러보고 온나."

"네? 들어가도 돼요?"

"원래는 쉬는 날이라 안 되는데, 그래도 멀리서 왔응께 기냥 잠깐 들여 보내주는 기지."

"와~, 정말요? 감사합니다. 아저씨."

운 좋게도 경비 아저씨 덕분에 수목원에 들어갈 수 있게 되었다. 원래 걸어서 둘러보려면 2시간 정도 소요되지만 자전거 덕분에 좀 더 여유를 가지고 천천히 둘러볼 수 있었다. 일하시는 분들께 방해되지 않도록 조용히 관람을 마치고 나오는데 저 멀리 반가운 얼굴이 보였다. 어제 과자를 사주셨던 수목원 아저씨다.

"아저씨!"

"어? 어제 자전거 청년이네. 안주(아직) 안 갔는갑지?"

"네. 구경도 하고 인사도 드리고 싶어서요. 그런데 아저씨, 쉬는 날 아니세요?"

"쉬는 날인데 잠깐 가꼬(가지고) 올 게 있어가."

"와. 어쨌든 다행이네요. 가기 전에 한 번 더 뵙고 싶었거든요. 어제 사주신 과자 감사히 잘 먹었습니다."

"뭐를⋯⋯. 조심해서 여행 잘하고."

고성으로 가기 위해 1037번 지방도를 따라 다시 페달을 밟았다. 지방도라 그런지 삭막하던 국도와 달리 차량통행이 적고 주변 풍경 또한 아름답다. 바람에 흩날리는 낙엽 소리도 기분 좋게 귓가를 울리고 있다. 생각해보니 오늘따라 운이 좋은 느낌이다. 쉬는 날임에도 수목원 관람은 물론 과자를 사주신 아저씨도 다시 만날 수 있었으니까. 더구나 무릎도 더 이상 아프지 않다. 마치 딱딱 맞아떨어져 잘 굴러가는 톱니바퀴처럼 지금의 내 상황도 물 흐르듯 아주 순조롭게 흘러가고 있는 느낌이다.

"난 행운아야."

기쁨이 절정에 달한 바로 그때,

무릎 통증의 재발로 어쩔 수 없이 다시 걷는다.

집에...
갈까?

고글

자전거를 타다 보면 외부 자외선과 유해광선 및 각종 이물질에 노출됩니다. 이를 차단하기 위해 착용하는 것이 고글이죠.

고글은 착용하지 않아도 큰 지장은 없습니다. 하지만 우천이나 모래 바람으로 인해 눈에 먼지가 들어간다면 시야 확보가 되지 않아 자칫 사고로 이어질 수도 있습니다. 때문에 안전한 자전거여행을 위해선 고글이 필요합니다. 저도 여행 중 국도를 건널 때 갑자기 돌이 날아와 고글에 맞은 적이 있답니다. 앞서가던 덤프트럭의 바퀴가 돌을 튕겨낸 게 원인이었지요.

히치하이크로 만난 인연

어제에 이어 오늘도 걷는다. 보통 이럴 땐 통증을 완화하기 위해 근육 테이핑(테이핑이 근막을 들어주어 혈액순환을 원활하게 함)을 하곤 하는데 아무 준비 없이 출발했기 때문에 그냥 견디는 수밖에 없다. 그나마 가지고 있던 유일한 의약품인 근육통 로션을 발라보지만 별 효과가 없는 듯했다. 이게 다 준비를 제대로 하지 않은 내 잘못이니 누굴 탓할 수도 없고…….

걷고 또 걸어 어느덧 고성에 도착하였다. 공룡의 도시라 불리는 고성. 고성에서 발견된 공룡의 발자국은 그 수만도 4,300여 족에 달하며 그 밖에도 공룡알과 둥지, 새 발자국 등이 발견되어 당시의 생태적 환경을 연구하는 데에 많은 도움이 되고 있다고 한다. 고성에 들어서자 공룡의 도시답게 여기저기에 공룡모형이 세워져 있었다. 바로 그때 마을의 보건소 간판이 눈에 띄었다. 파스라도 얻어 볼까 해서 들어갔다. 안에는 보건소 직원으로 보이는 아주머니께서 식사를 하고 계셨다.

"안녕하세요. 전 자전거여행 중인 학생인데요. 다름 아니라 무릎이 아파서 그러는데 파스 몇 장 얻을 수 있을까요?"

"파스 없는데요."

"그럼 진통제 같은 거라도 좀 얻을 수 있을까요?"

"약이 있긴 있는데 다 유통기한이 지난 오래된 것들이라서요."

"그럼 통증을 완화할만한 어떤 거라도 좋으니 좀……."

"글쎄요. 딱히 그럴 만한 게 없네요. 죄송합니다."

그리고선 아주머니는 다시 식사에 열중하셨다. 아무리 작은 마을의 보건소라지만 이렇게 허술할 줄이야. 이런 실태라면 보건소가 있을 이유가 없지 않나? 아무튼 여기선 아무 도움도 기대할 수 없었기에 다른 방법을 생각해보았다. 여행을 계속하기 위해선 아픈 무릎으로 마냥 걸을 수도 없는 일이니까.

'안 되겠다. 히치하이킹을 하는 수밖에!'

하지만 이곳은 차량통행이 아주 뜸한 시골 지방도로인데다 자전거까지 있으니 트럭이 아니면 안 된다. 분명 한참을 기다려야 할 텐데……. 그렇지만 선택의 여지가 없기에 여유를 갖고 기다려보기로 했다. 어차피 내게 있는 건 시간뿐이니까.

기다리고 기다린 끝에 멀리서 다가오는 첫 번째 트럭 발견! 손을 흔들었더니 다행히 내 앞에 멈춰주었다. 그런데 트럭으로 다가간 순간, 불가능하겠단 생각이 들었다. 짐칸 가득 닭이 실려 있었기 때문이다. 안 될 걸 알지만 그래도 달리는 차를 붙잡아 세운 격이니 일단 여쭤보기로 했다.

"안녕하세요. 자전거여행 중인 학생인데 무릎을 좀 다쳤거든요. 실례지만 가시는 방향까지 얻어 탈 수 있을까요?"

"나도 태워주고 싶긴 한데 짐칸이 가득 차서 말이야. 어쩔 수 없네."

이윽고 두 번째, 세 번째 트럭이 지나갈 때마다 히치하이킹을 계속 시도해봤지만 모두 그냥 지나가 버렸다. 언제 다시 올지 모르는 트럭을 계속 기다리는 것도 답답하게 느껴졌다.

'마지막이다. 이번에도 실패하면 그냥 걸어가야겠다.'

오랜 시간 기다린 끝에 드디어 저 멀리 트럭이 보이기 시작했고 이번엔 정말 필사적으로 손을 흔들었다.

어머님의 트럭을 타고 도착한 곳은 고성의 한 조경원. 어머님께서는 남편분과 함께 조경사업을 하시는지 집 마당엔 다양한 나무들이 빼곡히 들어차 있었다. 그렇게 잠시 나무구경을 하며 앉아 있던 중 아버님께서 오셨다.

"그래. 자네가 자전거 타고 왔다는 청년이가?"

"안녕하세요. 여행 중에 히치하이킹을 하다가 어머님께서 태워주셔서 만나게 됐어요."

그렇게 두 분을 만나 하루 동안 신세를 지게 되었다.

명의를 만나다

조경원 마당에 앉아 파스를 붙인 후 진통제를 먹고 있는데 어머님께
서 다가오셨다.

"성원아. 파스 붙인다고 되겠어? 병원이라도 가봐야 하는 거 아
니니?"

"병원이요? 아, 아뇨. 그 정도는 아닌 것 같은데……."

"그래도 병원 한 번 가보자. 가서 주사 한 방 맞으면 훨씬 더 괜찮지
않겠니?"

"아니에요, 괜찮아요."

"얼른 타. 내가 운전할 테니까."

얼떨결에 병원에 가게 되었다. 사실 병원만큼은 가고 싶지 않았다. 왠
지 뻔한 말만 할 것 같았으니까. 하지만 그보다 더 두려웠던 건 '절대
안정하세요!' 라는 말 한 마디면 내 여행은 여기서 끝날 테니까…….
게다가 더 심각한 문제는 병원비였다. 수중에 있는 돈으로 병원비를
감당할 수 있을까?

"뭐해? 어서 들어가자."

"……네."

내키지 않는 걸음으로 병원에 들어갔다.

"오! 자전거여행 중이에요? 저도 자전거여행 좋아하는데. 그럼 혹시
이 사이트 아시려나? 세계여행 중인 자전거여행자 홈페이지인데
요……."

"와~! 세계여행이요?"

의사 선생님은 매우 유쾌한 분이셨다. 게다가 선생님 역시 자전거여
행 마니아였기에 무릎 치료에 대한 얘기는 뒤로 미뤄둔 채 앞으로의
여행루트와 계획에 대해 오랫동안 대화를 나눴다.

"그럼 아직 여행 초반이네요. 아마 갑자기 무리해서 아픈 것도 있겠
지만 자전거 타는 습관이 잘못되었을 수도 있어요. 괜찮아 질 때까
진 최대한 낮은 기어비로 페달을 많이 저으면서 타세요. 그래야 무
릎에 부담이 덜 갈 거예요."

선생님은 기초적인 페달링에 대해서도 지적해주셨다. 의사들은 다
뻔한 말만 할 거란 내 예상과 달리 선생님은 어떻게 하면 여행을 지속
할 수 있을지에 대해 초점을 맞춰주셨다.

"자, 그럼 주사 좀 맞을까요? 무릎 좀 걷어주세요."

"무, 무슨 주사인데요?"

"근육 이완제랑 진통제 좀 놔드릴게요."

주사를 맞은 후에도 오랫동안 자전거여행에 대해 이야기를 나눴다. 처음 보는 사람과 자전거여행이라는 공통점 하나로 많은 얘기를 나눌 수 있다는 게 신기하단 생각도 들었다. 치료를 마치고 나오니 어머니께서 다가오셨다.

"안에서 무슨 얘기를 그렇게 많이 했어?"

"의사 선생님께서도 자전거여행을 좋아하시는 것 같더라고요. 그래서 이것저것 얘기 좀 듣느라고 늦었어요."

"그랬니? 밖에서 보니까 둘이 컴퓨터 모니터 보고 계속 얘기하는 거 같던데. 무슨 설명을 저렇게 자세히 해주나 싶었지."

이윽고 계산의 시간, 떨리는 마음으로 접수대의 간호사에게 다가갔다. 2만 5천 원 이상 나오면 파산이다.

"어, 얼마에요?"
"원래는 12,500원인데 선생님께서 그냥 1,000원만 받으시래요."

브레이크

브레이크는 크게 림브레이크와 디스크브레이크로 나뉩니다.

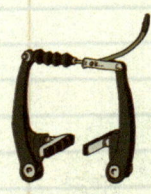
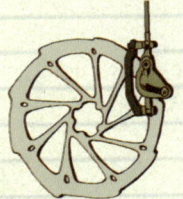

⚠ 림브레이크   ⚠ 디스크브레이크

1. **림브레이크** : 림에 마찰을 주어 제동을 거는 방식으로 캘리퍼, 켄틸 레버, V브레이크 등이 있습니다.

2. **디스크브레이크** : 허브 옆에 부착된 로터(디스크 원판)에 패드를 걸 어 제동을 거는 방식으로 기계식과 유압식으로 나뉩니다.

	림브레이크	디스크브레이크
제동력	양호함	우수함
가격	저렴	비쌈
무게	가벼움	무거움
유지 및 수리 보수	쉬움	어려움

여행용 자전거를 선택한다면 개인적으로 림브레이크를 추천하고 싶습니다. 일단 가볍고 브레이크 패드 교체 및 와이어 조절만 할 줄 알면 쉽게 보수가 가능하기 때문이지요.

하지만 산악지형을 많이 다니신다면 디스크브레이크를 추천합니다. 비나 눈 등의 악천후, 산 또는 비포장도로를 달릴 때 이물질 여부에 관계없이 항상 일정한 제동력이 있기 때문이죠. 각자의 사용 목적과 용도에 맞게 선택하시기 바랍니다.

최선을 다하여

병원에서 돌아와 보니 아버님과 아들, 사촌형인 현주 형이 모두 일을 하고 계셨다. 나도 얼른 돕기로 했다. 일을 하는 도중 틈틈이 둘러보니 특이하게 생긴 나무들이 눈에 띄었다.

돌에 붙어 기생하는 나무, 뿌리가 밖으로 드러났음에도 살아 있는 나무 등 처음 보는 형태의 나무가 많았다. 나중에 아버님께 여쭤보니 나무는 평범하게 생긴 것보단 특이하게 생길수록 희소가치가 높다고 알려주셨다. 기초적인 지식이나 요령이 없어 많은 도움을 드리진 못했지만, 열심히 화분을 옮기고 바닥을 쓸다 보니 어느덧 금세 해가 지기 시작했다. 일을 마무리하고 나니 어머니께선 저녁으로 닭백숙을 만들어주셨다.

먹는다기보다는 흡입!

저녁 식사 후 모두와 함께 대화를 나누게 되었다. 아버님의 어릴 적 도보 무전여행 이야기를 듣기도 하고 현주 형과도 많은 이야기를 나누었다. 현주 형은 청각 장애인이었기에 우린 보디랭귀지와 필담으로 대화를 하게 되었다. 놀란 점은 내 또래인 줄 알았던 형이 나보다 15살 정도 많았단 사실이다.

　- 형. 되게 동안이네요?
　- 술, 담배를 전혀 안 해서 피부가 좋아.

　'나도 술, 담배 안 하는데 왜 이 모양이지.'

그렇게 오랫동안 대화가 이어지고 그에 따라 주제도 깊어지다 보니
현주 형은 지난날에 대한 후회와 아쉬움에 대해 얘기하였다.

자전거여행은 흔히 초반 1주일이 제일 중요하다고 한다. 그 기간 동안 참고 적응하면 그 후론 몸이 적응하여 험한 길도 힘들이지 않고 여유롭게 여행할 수 있다는 말이다. 나 역시 여행 초반이라 무릎 통증으로 인해 고생 중이고 앞으로 더 어려운 일도 많겠지만 아버님의 말씀처럼 항상 지금에 최선을 다한다면 어떻게든 헤쳐 나갈 수 있겠지?

짐받이

어깨에 배낭을 짊어지고 자전거여행을 하면 어떨까요? 많은 짐이 어깨를 짓눌러 피가 잘 통하지 않고 그로 인해 피로가 누적되어 체력소모는 배가 되겠지요. 그래서 자전거 다음으로 중요한 것이 바로 짐을 고정할 튼튼한 짐받이랍니다. 대표적으로 싯포스트(Seat Post) 장착형과 싯스테이(Seat Stay) 장착형이 있습니다.

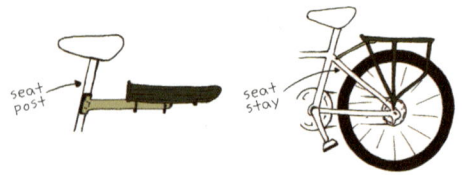

싯포스트 장착형은 설치 및 탈부착이 편리하며 가격이 싸다는 장점이 있습니다. 하지만 지지대가 없기 때문에 충격에 약해 장거리여행에는 적합하지 않고 많은 짐을 실을 수 없다는 단점이 있죠. 1~3일 정도의 단기여행이라면 유용하게 사용하실 수 있습니다. 반면 싯스테이 장착형은 설치와 탈부착이 번거롭고 가격이 비싼 반면 지지대가 견고해 충격에 강하고 많은 짐을 실을 수 있기 때문에 장거리여행에 많이 사용됩니다.

✿ 싯스테이 장착형은 디스크브레이크와 림브레이크 용이 따로 구분되니 구입 시 유의하시기 바랍니다.

다음날 아침, 다시 길을 떠나기 위해 두 분께 인사를 드린다.

"아버님, 어머님. 정말 감사했습니다."

"무슨 말씀을. 언제든 마음내킬 때 찾아오고, 필요한 만큼 푹 쉬다
가거라."

아버님 말씀에 왠지 코끝이 찡해왔다. 페달을 밟아 남쪽으로 이동하
기 시작한다. 다행히 무릎이 아프진 않지만 왠지 무언가 찝찝한 기분
이다.

'또 아프면 어쩌지? 아냐, 더 이상 고민하지 말자. 포기하지 않고 걸
어서라도 완주하리란 생각에는 변함없으니까.'

다음 목적지인 엄홍길기념관으로 향한다. 사실 고성을 찾아 온 이유
도 엄홍길기념관에 가기 위해서였다. 나의 우상 엄홍길 대장. 그의 자
서전과 TV 방송은 모두 챙겨보았을 정도로 그를 존경해왔다. 어떠한
어려움에도 굴하지 않는 그의 도전정신을 되새기며 나 역시 무릎부상
따위에 주저앉지 않고 여행을 계속하는 건지도 모르겠다. 불안했던
내 염려와는 달리 순조롭게 엄홍길기념관에 도착했다.

"좋아. 여기서 힘 좀 받고 가자!"

엄홍길기념관은 세계에서 첫 번째로 히말라야 8천 미터급 16좌를 완등한 엄홍길 대장의 위업을 기리고자 설립되었다.

전시관은 1~5 구역으로 나뉘어 있으며 각각 엄홍길 대장의 성장과정과 16좌 등정 일화, 설산과 빙벽 등반에 대한 기본 지식, 히말라야의 지질과 기후 등에 대해 설명하고 있고 등정 당시 사용되었던 장비들이 전시되어 있었다. 요금은 다행히도 무료였기에 아주 가벼운 마음으로 관람했다. 관람을 마친 후 입구를 나와 자전거 자물쇠를 풀고 있는데 마침 관광버스 한 대가 주차장 안으로 들어왔다. 차에선 할머니들께서 한 분씩 내리기 시작했고 그 중 한 할머니와 눈이 마주쳐 얼떨결에 인사를 했다.

"안녕하세요. 할머니."
"근데 이까이(여기까지) 자전차 타고 왔나? 혼자?"

"네. 혼자 왔어요."
"안 위험하나, 혼자 댕기믄."
"아뇨. 아직까진 아무 일 없이 잘 다니고 있는 걸요."

이윽고 버스에서 모두 내리신 할머니들께서 내 주위를 둘러싸고 이것저것 물어보셨다. 무전여행 중이라고 말씀드렸더니 할머니들께서는 사과와 떡을 조금씩 나눠주셨다.

'오호~. 역시 난 행운의 사나이!'

즐거운 마음으로 진주로 향하는 길. 꽤 오랜 시간 페달을 밟았는데도 무릎이 아프지 않다.

"약발이 좀 드는 건가? 이제 괜찮은 것 같……."

또 다시 재발한 무릎 통증

QR(Quick Release)

큐알(QR)은 Quick Release의 약자로 자전거 바퀴를 빠르게 분해 조립할 수 있도록 만들어진 장치랍니다.

꼭지를 돌려 풀면 간단히 분해가 됩니다. 쉽고 사용하기 편리해 현재 많은 자전거에 사용되며 바퀴뿐만 아니라 자전거의 안장대에도 QR 방식이 사용되곤 합니다. 주의할 점은 끼울 때 꼭 꼭지부분이 위쪽으로 가도록 잠가야 한다는 것입니다. 꼭지가 아래를 향해 있으면 달리다 덤불이나 나뭇가지에 걸릴 경우 풀려버릴 수도 있으니까요.

여러 장점이 있지만 그러한 편리함 때문에 많은 도난의 표적이 되기도 한답니다. 자물쇠를 채워도 바퀴나 안장만 빼가거든요. 그러니 주의해서 잘 관리하기 바랍니다.

하늘이 무너져도
솟아날 구멍은 있다!

다시 재발한 무릎 통증. 전투에서 진 패잔병처럼 축 늘어진 채 걷는다. 통증은 점점 더 심해져 이젠 걷기조차 힘들 지경이다. 내 힘으로 가는 것도 중요하지만 일단 몸부터 생각하기로 하고 히치하이킹으로 단숨에 진주 근방까지 온 뒤 다시 진주성 방향으로 천천히 걷는다.

　'계속 아프네……. 약도 없고, 어떡하지.'

마침 보이는 경찰서에서 파스라도 얻어 볼 겸 문을 두드렸다.

　"그럼 이거 쓰세요. 다 써가긴 하지만 좀 남았거든요. 그리고 다음에
　와서 새 걸로 하나 갚으시고요. 하하."

경찰 아저씨께서 주신 뿌리는 파스는 비록 다 써가는 것이었지만 지금의 내겐 아주 큰 힘이 되었다. 바닥에 앉아 파스를 뿌리며 잠시 쉬어가기로 했다.

　'아, 이렇게 해서 계속 여행을 할 수 있을까? 그냥 집에 가서 무릎이
　나을 때까지 기다리는 게 현명한 판단일까?

하지만 절대 포기하고 싶진 않다. 그렇지만 아픈 상태로 계속 가 봤자 무슨 의미가 있을까. 수만 가지 생각을 하며 다시 걷고 있는 그때,

바닥에 5백 원짜리 하나가 떨어져 있는 게 아닌가! 여행하면서 한번쯤 이런 일이 있을 거라 생각했지만 지금 같은 최악의 상황에 돈을 주을 줄이야. 그것도 거금 5백 원! 평소 같으면 별생각 없이 음료수나 사먹었을 것이다. 하지만 지금의 내겐 힘을 내어 포기하지 않도록 하늘에서 내려준 값진 돈이다.

'그래. 하늘은 아직 날 버리지 않았구나. 힘내서 조금만 더 가보자!'

걷고 또 걸어 저녁 무렵, 드디어 오늘의 목적지였던 진주성에 도착했지만 그와 동시에 몸과 마음은 이미 녹초가 되었다. 마음 같아선 그 자리에 드러누워 버리고 싶었지만 문제는 이곳은 도심 한복판이라는 점이다. 어쩌자고 여기까지 무작정 걸어 온 거지? 한밤중에 시골 변두리도 아닌 도심까지 말이다. 이젠 어떡해야 하나. 텐트를 칠 마땅한 장소도 보이지 않아 고민에 빠져 있는데 낯선 아저씨께서 다가오셨다.

"와, 이 자전거 타고 여행하나 보네. 어데서 왔노?"

험악해 보이는 아저씨의 갑작스런 등장에 순간 흠칫 놀랐다. 하지만 첫인상만으로 무얼 알 수 있으랴. 이내 경계를 풀고 아저씨와 대화를 나누기 시작했다.

"울산에서 왔어요."

"근데 여 앉아가 뭐하노? 축 쳐져가꼬. 왜? 뭔 일 있나?"

"아뇨, 그런 건 아니고요. 주변에 텐트 칠 만한 데가 있나 찾아보다
무릎이 아파서 잠시 쉬고 있었어요."

"이 주변엔 그럴 만한 데 없을 낀데. 좀 더 바깥으로 나가야지. 여기
는 좀 시내라서. 음……. 카마(그러면) 이래 할래? 우리 집에서 그냥
하루 자고 가라. 어차피 난 혼자 살거든. 긍께(그러니까) 눈치 볼 필
요도 엄꼬."

순간 귀가 번쩍 뜨였다. 하늘이 무너져도 솟아날 구멍은 있다더니!!

"와. 정말요? 감사합니다."

고민할 것도 없이 덥석 물고 늘어졌다. 일단 살고 봐야 할 것 아닌가.

"근데 다리 마이 아프나? 우리 집이 여서 좀 마이 걸어가야 되는데."

"하하하하하. 그런 걱정하지 마십쇼. 지금은 빌빌대고 있지만 이래
봬도 울산에서 여기까지 자전거 타고 온 체력이거든요~."

그렇게 아저씨를 따라 아저씨네 집으로 가게 되었다. 어디서 잘지 막
막하던 차에 마치 구세주를 만난 듯한 기분이었다.

도난 경보기

자전거여행을 하면 여러 가지 위험 요소들이 있겠지만 제일 염려되는 것 중 하나가 도난사고가 아닐까 합니다. 요즘은 자물쇠를 채워놔도 QR 시스템으로 인해 빼가기 쉬운 바퀴나 안장부분만 골라서 빼가거든요. 또 심한 경우에는 자물쇠를 끊어 훔쳐가기도 하죠. 그런 고민을 한 번에 해결해 줄 수 있는 게 바로 자전거용 도난 경보기랍니다. 요즘 나오는 제품들은 경보기 기능뿐만 아니라 자물쇠 기능까지 겸비한 제품이 많답니다.

여행을 하다 보면 자전거를 놔둔 채 돌아다녀야 할 경우도 있습니다. 야영 시에도 혹시 누가 건드릴까 불안하고요. 자전거여행 시 하나쯤 갖고 있으면 좀 더 편한 마음으로 여행할 수 있겠죠?!

어머니

"냉장고에 찬(반찬) 있응께 알아서 밥 챙겨 먹고 있으래이. 난 볼일
있어가 저녁 때나 돼야 들어올 끼야."

"네. 다녀오세요."

아저씨께서는 아침 일찍 어디론가 나가셨기에 혼자 밥을 차려 먹었
다. 밖엔 장대비가 내리고 있다.

'오늘부터 3일 동안 계속 비가 온다던데 어떡하지? 이 날씨에 자전
거 타긴 위험하고. 염치없지만 아저씨께 하루 더 있어도 되는지 여
쭤봐야겠다.'

밤새 자고 일어났더니 무릎은 더 이상 아프지 않았다. 그렇지만 몇 번
의 경험상 자전거를 다시 타면 재발하리란 생각에 마음이 착잡해졌
다. 하지만 더 고민해봤자 어쩌겠는가. 어차피 포기란 없다!

내리는 비를 바라보며 계속 앉아 있으려니 왠지 답답한 맘이 들어 산
책이나 할 겸 밖에 나가보기로 했다. 비도 오고 이른 아침이라 그런지
그 넓은 거리에 사람 하나 보이지 않았다. 그렇게 홀로 비 오는 거리
를 걷고 있는데 마침 밖으로 나오시는 한 아주머니가 보였다. 비가 오
는데 우산도 없이 두 손으로 큰 쟁반을 들고 배달을 가는 식당 아주머

니셨다. 생각하고 자시고 할 것도 없이 바로 달려가 아주머니께 우산을 씌워드렸다.

"가시는 데까지 씌워드릴게요."

"응? 아이고. 고마워라."

배달 장소까지 우산을 씌워드리고 아주머니를 다시 식당으로 데려다드렸다.

"학생은 뭐 하는 사람이고?"

"울산에서 온 자전거여행 중인 학생이에요. 오늘은 비가 와서 잠시 쉬면서 산책 중이에요."

"아이고. 멀리서 왔네. 밥은 잘 먹고 다니나? 마침 잘 됐네. 내 국수 한 그릇 말아 줄 테니까 들어와서 먹고 가."

"네? 아니에요, 괜찮습니다."

"어여 들어와."

아주머니께서는 날 가게 안으로 밀어 넣으셨다.

'쩝. 방금 밥 먹고 나와서 배부른데……. 그래도 계속 거절하는 건 예의가 아니지!'

"거(거기) 앉아. 내 금방 갖다 줄게."

"네. 그럼 한 그릇 맛있게 말아주세요!"

비가 오고 다리도 아파서 우울했던 날.

국수를 삶아주시고 가기 전 따뜻하게 안아주시는 아주머니. 그래서 일까? 문득 집에 계신 어머니 생각에 나도 모르게 눈물이 나왔다.

언뜻 보면 다 비슷비슷해 보이는 타이어. 하지만 알고 보면 자전거의 용도에 따라 타이어도 조금씩 다르지요.

⚠ 트레드타이어   ⚠ 슬릭타이어

험한 산악지형이나 비포장도로를 달릴 경우 트레드타이어가 좋습니다. 펑크에 강하고 제동력 또한 뛰어나 주로 산악자전거(MTB)에 사용된답니다.

반면 포장도로를 빠르게 달리고 싶다면 트레드가 없는 슬릭타이어가 좋지요. 주로 로드바이크에 사용되는 슬릭타이어는 표면이 매끄럽고 타이어가 얇아 트레드타이어에 비해 속도가 더 빠르답니다. 그러나 트레드타이어에 비해 펑크가 잦다는 단점이 있습니다.

Episode 18.

인연 혹은 악연

산책을 하며 어제 가보지 못했던 진주성에 가보기로 했다. 성 안에는 진주국립박물관이 있다. 성으로 이어진 길이 산책로로 꾸며져서인지 비가 오는 궂은 날씨임에도 간혹 산책하는 사람들이 눈에 띄었다. 나 역시 그들 틈에 끼어 조용히 성을 관람하고 나왔다.

09. 03. 31
진주성.

집에 돌아와 보니 아저씨께서는 아직 오지 않으신 듯했다. 그나저나 이 망할 놈의 비는 정말 그칠 생각을 않는 것 같다.

"뭐, 그래도 비 오는 날 안에서 잘 수 있는 게 어디냐."

내일은 떠나야 했기에 일찍 잠자리에 들었다.

툭. 툭. 툭.

'음……? 뭐지?'

단잠에 빠져 있던 중 누군가 발로 차는 느낌이 들어 눈을 비비며 일어나보니 아저씨께서 날 내려다보고 계셨다.

"아……. 이제 오신 거예요?"
"흐흐흐. 그래."

시계를 보니 새벽 3시였다. 이 늦은 시각에 주무실 생각은 않고 아저씨께서는 날 바라보며 계속 기분 나쁘게 웃고 계셨다. 손에는 술병을 쥐고 침을 흘리는 모습으로.

"일나봐라, 인마. 나랑 술 한잔하자."
"아. 네."

아저씨께서는 술을 병째로 계속 들이키며 일장연설을 시작하셨다.

"여행은 머 할라꼬 하노. 그거 해봐야 먼 도움이 된다고. 돈이 최고지!!!"

"하하하. 네. 돈이 최고죠."

아저씨께서 술에 많이 취하신 것 같아 이내 주무시겠지, 라는 생각에 적당히 맞장구를 쳤다. 하지만 내 생각과 달리 점점 더 취하셔서 내 머리를 내리치기 시작하셨다.

"집에 가 돈이나 벌어, 인마. 쓸데없는 짓 고마 하고."

슬슬 화가 나기 시작했지만 취하셔서 하시는 행동이니 조금만 더 참아보기로 했다. 그런데 새벽 4시, 5시가 되어서도 잦아들기는커녕 점점 더 흥분하셔서 급기야는 입에 담지 못할 말들을 내뱉는 게 아닌가.

"야, 나는 마음에 안 들마(들면) 칼로 XX해서 XX해버링께!"

그 말을 듣는 순간, 간신히 잡고 있던 내 이성의 끈이 끊어지는 소리가 들렸다.

더 이상은
못
참아!!!

아저씨께서 계속 연설 중이었지만 그러든지 말든지 자리를 박차고 일어나 짐을 싸기 시작했다.

"니 뭐하노. 어른이 말씀하는데 어데(어디서)!"
"저 갈게요. 어찌됐건 이틀 동안 재워주셔서 감사해요."
"일로 안 오나!!"

그러면서 내 팔을 덥석 잡았다. 마음 같아선 흠씬 두들겨 패주고 싶었다. 하지만 어른이기도 하거니와 이틀 동안 재워주고 밥도 먹여주신 은혜가 있기에 꾹 참고 조용히 팔을 걷어냈다. 짐을 다 싸고 문을 박차고 밖으로 나왔다. 더 이상 이곳에 머무르고 싶은 마음은 조금도 없었기에 망설임 없이 자전거에 가방을 싣고 페달을 밟았다.

"야! 어디 가노! 돈 좀 내놔라! 야!!"

그 소리에 하도 어이가 없어 뒤를 돌아보았다. 그런데 아니나 다를까. 아저씨의 손에 조그마한 칼이 들려있는 게 아닌가!

'뭐야? 단순한 술주정이 아니었던 거야?'

평정심을 유지하려고 애쓰고 있었지만 그 광경을 보자 마음이 요동치기 시작했다. 숨이 점점 가빠오고 핸들을 잡은 손이 부들부들 떨려왔다. 정말 간발의 차였다. 조금만 더 지체했더라면 어떻게 됐을지 모르는 상황이었다. 밖엔 여전히 비가 오고 있었지만 한시라도 더 빨리 진주를 빠져나가고 싶은 마음에 쉴 새 없이 페달을 밟았다. 비는 하염없이 내리고 있었다.

더불어 산다

새벽 5시경, 내리는 비를 맞으며 계속 달린다. 사실 비 오는 날 자전거를 타는 건 상당히 위험한 일이다. 브레이크의 제동력도 떨어지거니와 젖은 도로는 미끄러워 사고가 나기 쉽기 때문이다. 하지만 기분이 너무 꿀꿀해 어딘가에 멈춰 있으면 한없이 가라앉을 것만 같아 무작정 달리고 달렸다.

가방이 젖지 않게 비닐로 뒤집어 씌워 보지만 안에 습기가 차 젖는 건 매한가지이다. 더구나 비옷을 입었지만 아무 소용도 없을 만큼 비는 점점 더 많이 내린다.

  '으, 추워. 팬티까지 다 젖었잖아.'

하지만 쉬고 싶지 않다. 조금이라도 빨리 진주를 벗어나고 싶다는 마음뿐이다. 다행히도 무릎은 전혀 아프지 않다.

  '이틀 동안 푹 쉬어서 그런 거겠지. 아플 땐 역시 휴식이 정답이야.'

그렇게 다음 목적지인 광양 매화마을에 도착했다. 비가 오고 있음에도 관광버스가 여기저기 서 있고 사람들이 모여 있다. 비 오는 날 자전거를 타고 온 이상한 녀석의 등장에 여기저기서 이목이 집중되었다. 비를 피해 한 암자에 앉아서 마을을 천천히 바라보았다. 안개가 산을 휘감아 돌고 그 사이사이로 매화가 활짝 피어 있는, 왠지 산신령이라도 튀어나올 것 같은 기묘한 풍경이다.

'기분도 꿀꿀한데 오랜만에 스케치나 해볼까?'

스케치북을 꺼내서 스케치를 시작했다. 비가 오는 궂은 날씨임에도 마을은 아름다웠지만 지금의 내 마음은 눈에 보이는 것을 그대로 받아들이지 못하고 있었다. 자꾸 진주에서의 일이 생각났다. 이상하게도 잊으려 하면 할수록 자꾸만 더 선명하게 떠오르는 그때의 상황. 만약 그때 집을 나오지 않고 계속 아저씨와 같이 있었다면 어떻게 됐을까? 무슨 일이 벌어졌을까? 잠시라도 몸을 쉬고 있으면 계속 그때의 상황이 떠올라 미칠 것만 같았다.

2009.04.01
광양 매화마을.

'오늘은 아무 생각 말고 그냥 달리자!!'

원래 계획은 이곳에서 하루 동안 야영을 할 생각이었지만, 스케치를 대충 마무리하고 도착한 지 1시간이 채 지나지 않아 다시 떠나기 위해 페달을 밟았다. 그렇게 몇 시간을 달렸을까? 몸에 힘이 하나도 없다. 당연하지. 지금까지 한 끼도 못 먹은 상태에서 페달만 무식하게 밟았으니! 게다가 비를 맞은 상태로 달려서인지 몸도 으슬으슬한 게 이대로 가다간 머지않아 길바닥에 대자로 드러누워 버릴 것 같았다. 오후 3시, 좀 이른 시간이긴 하지만 이대로는 위험하기도 했고 옷과 짐이 몽땅 젖은 터라 주변 마을회관을 찾아 하룻밤 묵어갈 수 있는지 여쭤보기로 했다.

"우리 마을은 외부인을 함부로 재울 수가 없어요. 다른 데 가보세요."

사실 누가 좋아하겠는가. 비 오는 날 홀딱 젖은 채로 나타난 산적같이 생긴 외부인을 말이다. 이제 어느 정도 이런 일이 익숙하기에 다음 마을로 지체없이 이동했다. 한 번 실패하면 두 번 도전하고 또 실패하면 성공할 때까지 계속 하면 되니까.

"음. 그럼 회관에 전화해 놓을 테니께 가서 기다리고 있어. 옷 좀 갈아입고 금방 갈 테니께."

다행히 두 번째로 찾아간 마을에선 날 받아주셨다. 그렇게 회관으로 가니 마을 할머니들께서 모두 모여 계셨다. 비가 와 일을 못하시니 모여서 쉬시는 모양이다.

"전화 받았은께 언능 들어와 앉아. 옷이 다 젖었네. 옷부터 좀 갈아
입고."

"자네가 회관 첫 손님이 됐구먼. 여가 지난달에 완공돼서 새 건물이
나 마찬가지거든."

"네. 어쩐지 건물이 되게 깨끗하더라고요."

"이리 따신데 와서 좀 누워."

"아뇨. 괜찮습니다."

"괜찮아. 손자 벌인데 어쩐디야(어떻냐)."

비를 맞고 거지꼴로 찾아 온 날 마을 분들은 모두 따뜻하게 맞아주셨
고 마을 할머니 한 분은 빨래까지 세탁기에 돌려주셨다. 시골의 넉넉
한 인심에 마음이 따뜻해졌다. 젖은 옷들을 바닥에 널고 이내 잠자리
에 들었다. 참으로 긴 하루를 보낸 듯한 느낌이다. 사람에 치여 도망
치듯 진주를 떠났다. 그리고 다시 사람에 의지하여 도움을 받는 내 모
습. 참 아이러니하다. 역시 사람은 혼자 살 순 없다. 더불어 산다.

'그나저나 내일은 비가 그쳐야 할 텐데…….'

Episide 20.

생존 필수품

다음날 아침. 창문 사이로 비치는 따스한
햇살에 나도 모르게 스르르 눈이 떠졌다.
어제 바닥에 말려두었던 옷가지들은 모두
다 말라있다.

 "나도 예전에 도보여행을 했었거든. 그
 때 한 할아버지가 밥도 챙겨주시고 잠
 자리도 마련해주셔서 참 고마웠었지.
 지금은 돌아가셨지만 그 할아버지가
 자꾸 생각나더라고. 자네도 혹 지날
 일 있으면 또 들리고."

 "네. 이장님. 하루 동안 감사했어요."

 "그리고 이건 김밥인데 가면서 배고프면 먹고."

 "도시락까지……. 감사합니다!"

인사를 드리고 다음 목적지인 순천으로 향한다.

 "와~. 날씨 좋다!"

3일 만에 보는 햇빛 쨍쨍한 맑은 날씨이다. 집에서 폐인 생활을 할 땐 날씨가 맑든 흐리든 신경도 안 썼는데, 지금은 오랜만에 보는 해가 무시하게 반갑다.

'신나게 한번 달려 볼까나!'

이제 무릎도 완치됐는지 전혀 아프지 않았기에 속도를 서서히 올리기 시작했다.

'그래. 어제 일은 깨끗이 털어버리자. 그까짓 일 때문에 여행을 망치긴 싫으니까.'

때마침 내리막길이라 속도는 이내 40km를 넘어 50km에 접어들었다. 다운힐을 하며 시속 40km를 넘은 적은 많았지만 시속 50km에 접어든 적은 처음이다. 시원하게 바람을 가르며 앞으로 나아갔다. 그런데 그때 난데없이 나타난 돌부리!!

순간 자전거와 함께 공중으로 날아올랐다.

　'항상 새가 되는 게 꿈이었는데 결국 이렇게 소원 성
　취하는구나.'

공중에 뜬 몸은 빠르게 바닥으로 곤두박질쳤고 바닥에
닿은 순간, 두려움에 눈을 질끈 감았다.

　'촤아아아아아악. 퍽.'

자전거에 실려 있던 짐들은 도로에 다 흩어지고 나는
아스팔트에 자전거와 함께 내동댕이쳐졌다. 그와 동시
에 온몸이 욱신거린다. 하지만 일어나 고개를 들 수가
없었다.

　'……………아. 창피해……. 아무도 없지?'

넘어짐의 아픔보단 이 순간을 누군가에게 들키는 게
더 두려워서 차 소리라도 들릴 새라 얼른 옷을 털며 일
어났다.

　'아……. 기적이야. 50km로 달리다 자빠졌는데 재
　수 좋게 하나도 안 다쳤…….'

'뭐, 가방은 첫날부터 포기했으니까……. 훌쩍…….'

그러고 나서 땀을 닦기 위해 헬멧을 벗었다. 그런데 이게 웬일인가. 헬멧의 모서리가 깨져 있는 게 아닌가!!!

'헉! 헬멧을 쓰지 않았다면 머리가 깨졌을지도.'

사실 여행 전 헬멧을 쓸지 말지 고민했었다. 왠지 불편할 것 같았으니까. 그래도 혹시나 하는 마음에 안전을 위해 쓰고 왔는데, 만약 헬멧을 쓰지 않았더라면 난 어떻게 됐을까?

헬멧

안전을 위해 꼭 써야 하는 헬멧. 가장 중요한 신체기관을 지키기 위한
보호장비이므로 그 종류와 가격대도 2만 원대부터 40만 원대까지 천
차만별이지요. 헬멧을 고를 때 중요한 건 온라인보단 오프라인 매장에
서 직접 써보고 구입해야 한다는 것입니다. 무게와 디자인, 착용감과
통풍성 등을 모두 고려해 선택해야 하기 때문이죠.

자전거 헬멧은 사고 시 몸체가 깨지며 내부 스티로폼이 충격을 흡수하
기 때문에 단 한 번 충격을 받은 후엔 다시 쓸 수 없는 경우가 대부분
이랍니다. 그러므로 한 번 수명을 다한 뒤엔 미련 없이 버리고 새 제품
을 구입하셔야 합니다.

종종 헬멧을 쓰지 않고 자전거를 타는 사람들을 볼 수 있는데, 대부분
답답하거나 귀찮다는 이유 때문이지요. 그렇지만 자신의 안전을 생각
한다면 헬멧을 쓰고 다니는 것이 더 현명하겠지요!

인간 개조 프로젝트

순천을 향해 가는 길, 앞으로 목숨을 부지하기 위해 시속 35km 이상은 달리지 않겠다고 다짐한다. 한 번 자빠져서 그런지 내리막길이 자주 나왔지만 속도를 내기가 두렵다.

'역시 난 한 번 데여 봐야 정신을 차리는 놈이야.'

그렇게 달리고 달려 어느덧 낙안읍성민속마을에 도착했다. 자연석으로 쌓아 올린 거대한 성곽에 둘러싸인 낙안읍성민속마을은 사적 302호로 지정되었으며 각종 드라마 촬영지로도 유명하다.

자전거는 갖고 들어갈까, 두고 갈까? 왠지 밖에 놔두긴 좀 불안하고……. 다행히 아저씨께 허락을 받아 자전거를 가지고 들어가게 되었다. 여유롭게 성안을 둘러보던 중 마침 도자기를 여기저기 전시해놓은 집을 발견하고 안으로 들어가 봤다.

"안녕하세요?"

"안녕하세요. 여행 오셨나 봐요?"

"네. 자전거여행 중이에요. 여기서 사시는 거예요?"

"아뇨. 여기는 제 작업장이고요. 집은 따로 있죠."

그렇게 도자기 공예가이신 어머님을 만나 대화를 나누게 되었다. 처음엔 가볍게 몇 마디 나눌까 했는데 의외로 어머님과 말이 잘 통했다.

우리 남편도
일주일 동안
자전거 여행했어~.

그때
같이 가시지
그러셨어요!

20분 후

음, 글쎄요.
역시 따님의
의사가...

나도
그러고 싶지만
우리 딸이
워낙...

30분 후

시간이 벌써!
나 도자기
강의하러 가야 돼.

다음엔 여자친구랑
같이 우리 집에
놀러 와.

제 얼굴 꼭
기억하셔야 해요.

시계를 보니 어느덧 대화한 지 40분이 흐른 뒤였다. 이럴 수가! 처음 보는 사람과 이렇게 오랫동안 대화를 나누다니. 내가 어떻게 된 건가? 대화를 끝낸 후 돌아가는 길에 확실히 내 안의 무언가가 바뀌어가고 있단 걸 느꼈다. 사실 여행을 떠난 건 답답하고 지루한 일상을 벗어나고픈 이유가 가장 컸다. 하지만 그 과정 속에서 내 성격을 조금 바꾸어 보고 싶다는 소망 또한 자리 잡고 있었다.

평소 낯가림이 심해 처음 만나는 사람들을 대할 땐 나도 모르게 긴장하곤 했다. 무전여행을 선택한 이유도 그런 소심한 성격을 좀 더 활동적이고 대범하게 바꿔보고 싶은 맘이 있었기 때문이다. 아직 여행 초반이긴 하지만, 이번 여행은 내 부족한 부분을 채워줌과 동시에 많은 걸 얻게 해줄 것 같은 기분 좋은 예감이 들었다.

체인오일

여행이 오래 지속될수록 도로의 각종 이물질과 먼지에 노출되는 자전거. 그 상태로 계속 간다면 구동계 부분이 점점 뻑뻑해져 페달을 밟기가 힘들어집니다.

그렇기 때문에 정기적으로 한 번씩 청소해 주어야 합니다. 체인오일은 윤활 효과와 더불어 체인의 노면을 보호해주고 녹 방지 역할도 하기 때문에 여행 중 꼭 챙겨야 할 필수 용품이지요. 만약 체인오일이 없다면 임시방편으로 식용유를 바를 수도 있습니다. 저 역시 인도 자전거여행 중 식용유를 사용해 청소하기도 했지요.

Episode 22.
사진을 보다가

낙안읍성민속마을을 지나 보성으로 가는 길, 평소보다 이른 시각이
었지만 산중이라 그런지 해는 어느덧 기울어가고 있다.

산속에서 바라보는 일몰은 말로 표현할 수 없을 만큼 아름다운 광경
을 자아낸다. 하지만 슬프게도 지금의 내겐 느긋하게 서서 해지는 걸
감상할 여유가 없다. 무전여행 시 가장 큰 문제는 역시나 식사와 잠자
리. 봉하마을 관광안내소 주차장에서 추위에 입 돌아갈 뻔했던 기억
이 자꾸 떠올라 날마다 해거름 즈음이면 조금씩 불안해졌다. 어둠이
짙게 깔릴 무렵, 다행히 마을이 나타나 일단 마을의 민가로 들어갔다.

　"계십니까?"
　"누구신가?"

낯선 청년의 갑작스런 방문에 할머니께서는 놀라셨는지 의아한 눈초리로 나를 바라보셨다.

  "안녕하세요. 전 자전거여행 중인 학생인데요. 실례지만 이장님 댁이 어딘지 알 수 있을까요?"

  "이장님은 뭔다고(뭐 하려고)?"

  "괜찮다면 마을회관에서 하루 묵을 수 있는지 여쭤 보려고요."

할머니께서는 고개를 끄덕이시곤 집으로 들어가 할아버지를 부르셨다. 이윽고 집에서 나오신 한 할아버지께서는 내게 몇 가지를 물어보시곤 곧바로 마을회관에서 잘 수 있도록 허락해주셨다. 알고 보니 내가 처음 들어간 그 집이 바로 이장님 댁이었던 것이다.

  "밥은 먹었나?"

  "아뇨, 아직 못 먹었어요."

  "그럼 회관에다 짐 풀고 건너 온나. 우리랑 같이 밥 먹으면 된께."

며칠 간의 무전여행으로 이미 얼굴에 철판을 깐 상태라 씩씩하게 대답한 뒤 회관에 짐을 풀고 곧바로 이장님 댁으로 갔다. 집으로 들어가자마자 눈에 띈 것은 벽 한쪽 면을 가득 채운 아기들의 사진이었다. 아마 손자들의 사진이겠지? 손자들의 사진을 매일 바라보시는 보성 이장님. 그러고 보니 문득 예전에 본 사진 한 장이 떠올랐다. 집에 있을 때 앨범을 보며 무심코 넘겼던, 외할아버지께서 아기였던 날 안고 첫 돌 무렵 찍었던 사진……

식사를 하는 와중에도 이장님과 할머니는 나를 정말 손자처럼 대해주셔서 가족의 따뜻한 정을 느낄 수 있었다. 그래서일까? 자꾸 외할아버지가 떠올랐다. 외할아버지께서는 작년 여름에 돌아가셨다. 그렇지만 장례식장으로 향하는 순간에도, 도착했을 때에도 난 감정의 변화를 느끼지 못했다. 외할아버지를 뵌 건 많아 봐야 1년에 2번 정도였다. 그것도 겨우 명절 때뿐이었고 함께 한 기억이나 추억도 거의 없었다. 그래서인지 왠지 나와 전혀 상관없는, 그야말로 남의 장례식장에 가는듯한 기분마저 들었던 게 사실이다.

그런 나와는 반대로 외할아버지와 함께 살았던 사촌동생은 장례식장에 오자마자 눈물을 흘리고 있었다. 아무런 감정변화 없이 눈물 한 방울 흘리지 않는 내 모습, 그리고 할아버지와 함께 살았던 추억으로 인한 슬픈 마음에 눈물을 흘리는 사촌동생의 모습. 이때 당시에도 난 별 생각이 없었다. 지금 돌이켜 생각해보니 외할아버지께서 돌아가셨을 때 슬퍼할 만큼의 '정'도 없었다는 것이 못내 아쉽다.

하지만 그렇다고 해도 이제 와서 눈물이 나거나 슬픈 건 아니다. 다만 왜 살아계실 때 좀 더 찾아뵙지 못했을까 하는 아쉬움이 남을 뿐…….
하긴 이미 돌아가셨는데 이런 생각해 봤자 무슨 소용이 있을까? 다 변명이고 자기 합리화일 뿐이지.

한 가지 궁금한 게 있다면, 외할아버지 역시 사진을 벽에 걸어 놓고 매일 바라보셨을까?

들어갈까? 말까?

다음 목적지는 보성을 전국 유명 관광지로 만들어준 보성의 녹차 밭이다. 내가 이곳에 오고 싶어 했던 이유는 집에 걸려있던 달력표지에 실린 녹차 밭의 풍경에 완전히 반해버렸기 때문이다. 물론 사진과 현실은 차이가 있겠지만 꼭 한 번 와보고 싶었던 곳이었다. 그래서 그런지 페달을 밟는 발놀림도 점점 빨라졌다. 더구나 주변엔 차량통행도 뜸해 마치 도로를 전세 낸 듯 편안한 마음으로 달릴 수 있었다.

하지만 정작 녹차 밭에 도착한 후 고민에 빠질 수밖에 없었다. 그 이유는 다름 아닌 입장료! 평소 같았으면 겨우 단돈 2천 원이겠지만 지금의 내겐 엄청난 거금이니까. 사실 올 때까지만 해도 입장료가 있을 것이라는 생각을 못했다.

'어쩌지. 들어갈까, 말까. 그래도 여기까지 왔는데 가봐야겠지?'

그러나 들어가는 발걸음이 왠지 가볍지가 않다.

'아냐. 오는 길에도 녹차 밭은 많이 봤는걸. 굳이 돈을 내고 들어갈
필요까지 있을까?'

2천 원의 입장료 때문에 고민 중인 내 모습을 남들이 알면 얼마나 어

이없어 할는지……. 한참을 고민하는데 마침 입구에서 나오시는 한 아주머니가 보였다. 이미 들어갔다 온 사람은 어떻게 느꼈을까?

"안녕하세요. 어머님. 지금 나오는 길이신가 봐요. 어떠셨어요? 괜찮던가요?"

"네. 한번 들어갔다 오세요. 저도 그냥 녹차 밭이니까 안 들어갈까 하다가 들어가 봤는데 정말 좋더라고요. 후회하지 않으실 거예요."

'음……. 그래도 왠지 고민되는데. 사람마다 느끼는 건 다 다를 수밖에 없으니까.'

내 표정에 고민이 묻어났는지 아주머니께서는 한마디 덧붙이셨다.

"고민하지 마시고 한번 들어가 보세요. 입장료가 안 아까워요."

팔랑 귀인 난 어느새 넘어가고 말았다.

'그래! 여기까지 언제 다시 와보겠어. 기왕 온 김에 한번 들어가 보자.'

약간의 기대를 품고 표를 끊기 위해 매표소로 향했다.

"안녕하세요. 성인 1장이요."
"어머, 자전거 타고 오셨나 봐요? 어디서 오셨어요?"
"울산에서요. 근데 자전거 타고 온 건 어떻게 아셨어요?"
"자전거 헬멧 쓰고 있잖아요."

평소 자전거를 타지 않을 때에도 헬멧은 항상 쓰고 있었다. 그 이유는 헬멧을 벗으면 드러나는 엉망진창인 버섯머리 때문이다.

"힘들게 오셨겠네요. 제가 할인권으로 천 원에 끊어드릴게요."

이런 행운이! 평소라면 그냥 덤덤히 넘길지도 모르지만 지금 '이 순간'의 나에게 있어 이보다 더 큰 친절이 또 있을까? 벗기 민망해서 항상 쓰고 다녔던 헬멧이 이럴 때 도움이 될 줄이야.

들뜬 마음으로 입구로 향하는 길가에 놓인 커다란 삼나무 가로수를 따라 안으로 들어가니 이윽고 사진으로만 봤던 그 풍경이 눈앞에 펼쳐졌다. 아침 이슬을 머금어 반짝반짝 빛나고 있는 드넓은 녹차 밭을 보니 절로 가슴이 뛰었다.

'와, 그냥 갔으면 후회했겠는데?'

천천히 녹차 밭 사이사이를 거닐다 보니 문득 입구에서 만난 아주머니가 참 고맙게 느껴졌다. 만약 그 아주머니가 아니라 다른 사람에게 묻고 그 사람이 별로라고 했다면? 아마도 난 그냥 돌아갔겠지.

녹차 밭에 들어 온지도 어언 3시간이 지났지만 나가는 발걸음이 떨어지지 않았다. 녹색의 카펫이 펼쳐진 장엄한 풍경을 계속 바라보고 또 바라봤다. 끝이 보이지 않을 만큼 넓게 산을 둘러싼 녹차 밭을 보니 마치 녹색의 바다를 보는듯한 착각마저 들었다. 우리 집은 10분 정도만 나가면 넓고 푸른 바다를 볼 수 있는 바닷가 근처에 있다. 마음이 답답할 때면 종종 바다를 보러 가곤 하는데 녹차 밭의 느낌 역시 무언가 바다와 일맥상통하는 듯한 느낌이 들었다. 가슴속이 뻥 뚫리는 듯한 기분이다. 그래서 이곳이 자꾸 끌리는지도…….

두건

있을 땐 중요한 줄 모르지만 정작 없으면 아쉬운 게 바로 두건입니다. 헬멧을 쓰고 오르막을 오르다 보면 땀이 볼을 타고 흘러내리는 일이 많습니다. 헬멧은 땀을 흡수할 수 없기 때문이죠. 두건을 쓰면 땀을 흡수해주기 때문에 그런 사소한 문제에 신경 쓰지 않을 수 있어 편리하지요. 보통 두건을 쓰고 헬멧을 바깥에 쓰는 식으로 착용합니다.

그러나 사실 땀을 흡수해주는 것보다 더 중요한 쓰임새가 있지요. 그것은 바로 '머리모양 유지'입니다! 헬멧을 쓰고 있다가 헬멧을 벗어보면 머리에 어김없이 올록볼록 버섯이 생기지요.

▲ Before

저 역시 그런 문제로 아침에 헬멧을 쓰면 저녁에 씻기 전까지 절대로 벗지 않습니다. 두건을 쓰면 엉망진창이 되는 머리를 어느정도 커버할 수 있답니다.

▲ After

선택의 기로

이제 해남 땅끝으로 가기 위해 강진으로 방향을 잡았다. 쭉 뻗은 길을
따라가니 한쪽으론 푸른 바다가 보이고 한쪽으론 산과 들이 보였다.

2009. 04. 03.
강진만 풍경 에서

차도 거의 다니지 않는 고요한 바닷길을 따라 천천히 달리고 있는데
그때, 저 멀리 혼자 자전거를 타고 오는 사람이 보였다. 그것도 앞뒤
로 짐을 한가득 싣고 있는, 나와 똑같은 장기 자전거여행자다!

"반가워요. 저는 마산에서 왔어요."

여행 중 처음으로 만난 나와 같은 1인 장기여행자. 여행을 나선 지 오래됐는지 나처럼 후줄근해 보이는 게 왠지 모르게 더 반갑고 정이 간다. 같은 방향도 아닌 4차선 도로의 길 건너편에 있었음에도 무작정 길을 건너 그에게 인사를 건넸다. 알고 보니 그 역시 장기여행자를 처음 만났다고 했다. 홀로 자전거여행을 한다는 공통점 덕분인지 처음 본 사이임에도 말이 잘 통했다. 그 자리에 서서 한 시간이 넘도록 서로 여행이야기를 주고받았을 정도로.

그는 영암으로 가는 길이어서 아쉽지만 간단히 연락처를 주고받은 뒤 헤어지게 되었다.

　'가는 방향이 같았으면 잠시 동안 함께 다닐 수도 있었을 텐데. 하지만 아쉬워 말자. 또 다른 만남이 날 기다리고 있으니까!'

이른 봄이라 해가 짧아서 그런지 오후 5시인데도 벌써 해가 지기 시작했다. 또 다시 오늘의 과업인 잠자리 찾기에 돌입해야 할 시간이다. 때마침 나타난 마을로 들어가 언제나처럼 이장님 댁으로 향했다. 그런데 마을 분들께 여쭈어 보니 이장님은 외출하셔서 저녁 늦게야 들어오신다는 게 아닌가!

　'윽. 어떻게 하지? 오실 때까지 기다릴까? 아님 다음 마을로 갈까? 기다린다 해도 안 된다고 하시면 어쩌지? 밤늦게 거절당하면 그때 다시 이동하기도 좀 그렇고.'

잠시 망설였지만 이내 다음 마을에 가기로 결정한 뒤 부지런히 페달을 밟았다. 그런데 이게 웬일인가. 어둠은 점점 짙어져만 가는데 가도 가도 마을은 코빼기도 보이지 않았다. 속이 타들어가기 시작했다. 물론 텐트가 있으니 어떻게든 잘 수는 있겠지만 뼛속까지 시렸던 첫 야영의 경험 덕에 텐트 치기가 두려운 게 사실이었다.

무전여행을 나와서 잠자리를 가리다니. 문명의 이기를 버리지 못하고 편한 것만 추구하는 내가 한심하고 속물처럼 느껴지기도 했다. 그래도 어쩌겠어, 너무 추운걸! 밖에서 잘 수 없다는 나의 의지가 오르막길에서도 초인적인 힘으로 페달을 밟게 했지만 마을은 여전히 나오지 않았다. 그렇게 1시간 남짓 달리니 겨우 마을이 보이기 시작했다. 녹초가 된 몸을 이끌고 얼른 마을로 들어갔다.

　"이장, 일보러 시내 나가서 저녁쯤이나 올 텐데."

라는 마을 할머니의 대답. 이장님들끼리 단체로 나가신 건가?

　"내가 이장이면 그냥 드가서 자라고 할 텐데 ……. 그럼 이장 올 때
　까지 저쪽 평상에 앉아서 기다려 보드라고."

　'아. 이제 어쩌지. 다시 한 번 밟아볼까? 아님 그냥 기다려볼까? 하
　지만 다음 마을을 찾기엔 이미 너무 캄캄한데.'

말씀을 마치신 할머니께서는 묵묵히 일을 계속하셨다. 해가 다 질 무렵인데도 굽은 허리로 풀을 베고 염소에게 먹이를 주는 등 부지런히 움직이셨다. 나갈까 말까 고민하던 차에 그런 할머니의 모습을 보니 왠지 발걸음이 떨어지질 않아 결국 할머니 곁으로 갔다.

"할머니. 제가 좀 도와 드릴게요."

"응? 그랴. 그럼 부탁 좀 하마."

내가 도와드리고 있는데도 아직 일이 많으신지 할머니는 계속해서 바쁘 움직이셨다.

"할머니. 밤이 다 돼 가는데 왜 이렇게 늦게까지 일하세요?"

"일거리가 남았은께 해야지."

"해도 졌는데 이제 그만 정리하고 들어가서 쉬세요."

"그랴. 이제 마무리하고 드가야제. 고맙고마, 학상(학생). 그나저나 이장이 언제 올지 모르겠네잉."

바로 그때, 한 대의 차가 마을로 들어왔다.

그립

자전거를 장시간 타다 보면 고정된 손목의 각도와 자세로 인해 손 저림, 손목 통증을 느낄 수 있습니다. 그립을 이용하면 그런 사태를 방지할 수 있습니다. 그립은 핸들바의 좌우 손잡이 부분에 부착된 손잡이를 지칭합니다. 좋은 제품은 미끄럼 방지는 물론 손목에 전달되는 충격도 흡수해주죠.

바엔드

최근에는 인체공학적으로 설계된 다양한 종류의 그립이 시판되고 있답니다. 바엔드 겸용 제품도 그중 하나지요. 바엔드가 있으면 손의 위치를 바꿀 수 있어 손목의 피로를 덜 수 있고 상체를 숙일 수 있어 업힐이나 다운힐 주행 시에도 효율적입니다.

Episode 25.
척 보면 안다?

"그럼 우린 저녁 약속이 있어 나가 볼 텐께 밥 먹고
쉬고 있어라이."

"네? 아. 네……."

두 분은 나를 혼자 집에 남겨두고 외출하셨다.

'어떻게……, 어떻게 이럴 수가 있지?'

집을 나가는 두 분을 바라보며 어안이 벙벙해질 수밖
에 없었다. 상황은 1시간 전, 이장님을 기다리며 할머
니를 돕고 있는데 마침 차 한 대가 마을로 들어왔다.
이내 창문이 열리고 차 안에서 수염을 덥수룩하게 기
른 50대 초반 정도의 아저씨가 얼굴을 드러냈다.

"웬 사이클 선수가 여기 있당가?"

"응. 자전거여행하는 청년인디 회관에서 하루 잘 수
있나 물어보러 왔다 하네. 근데 이장이 지금 밖에 나
가고 없어서 기다리고 있당께."

그 차의 주인은 알고 보니 할머니의 아들이었다. 그렇
게 두 분은 나에 대해 잠시 동안 얘기를 나누고 아저씨
께서는 이내 나를 부르셨다.

"그럼 자네 그냥 우리 집에서 자고 가. 저쪽에 보이는 2층 집 있제?
그짝으로 자전거 타고 오면 돼."

그렇게 얼떨결에 아저씨의 집에서 잘 수 있게 되었다.

와~.

마당에는 잔디가 깔려있고, 가로등이 켜진 돌담길이 입구까지 수놓
아진 아담한 집이었다. 집으로 들어가 두 분께 다시 한 번 인사를 드
리고 2층으로 올라가 옷을 갈아입었다. 지은 지 얼마 되지 않았는지
전체적으로 새집처럼 깔끔하고 세련된 느낌이었다.

"시골로 내려오신 지 얼마나 되셨어요?"

"얼마 안 됐어. 몇 년 전에 집 짓고 내려와서 목축업 하면서 살고 있
제. 그건 글코 밥 아직 안 먹었제?"

"네. 아직 이요."

"그럼 밥 차려 줄 텐께 밥 먹고 쉬고 있어. 우린 저녁 약속 때문에 잠
시 나가봐야 한께."

그러더니 저녁밥을 차려주시곤 두 분은 어디론가 나가시는 게 아닌
가! 지금 이 상황, 뭔가 이해가 되질 않았다. 어떻게 처음 보는 날 집

에 혼자 두고 가실 수 있는 걸까? 신분증 확인은 고사하고 이름도 물어보시지 않았는데. 범죄형 얼굴인 날 어떻게 믿고……. 불안하시지도 않나. 물론 그럴 일은 없겠지만 내가 무언가 훔쳐가기라도 하면 어쩌려고.

다음날 아침, 7시 무렵 눈을 떠보니 두 분은 이미 새벽 4시경에 일어나 축사에서 일을 마치신 뒤였다.

'이런……. 일찍 일어나서 도와 드렸어야 했는데.'

축사엔 100마리 정도의 소와 한 마리의 말이 있었다.

'새벽부터 부지런히 움직이지 않으면 소들도 굶을 테지.'

무언가를 기른다는 건 많은 책임감이 따른다. 난 애완동물을 키워보고 싶단 생각은 한 번도 해본 적이 없다. 나 하나 챙기기도 벅차니 말이다. 축사에서 돌아와 두 분과 아침식사를 했다. 그런데 이놈의 궁금증이 가시질 않는다. 도저히 못 참겠어!!

"아버님, 어제 저 혼자 두고 가실 때 불안하지 않으셨어요? 제가 뭐 훔쳐 달아난다거나."

허허.
얼굴만 봐도
알제잉.

어떤
사람인지.

식사를 마치고 떠날 채비를 하고 있는데 두 분께서 마중을 나오셔서
책 한 권을 건네주셨다.

  "이거 가면서 심심할 때 한 번씩 읽어봐."
  "이게 뭐에요?"
  "이 사람 시인이거든. 작품 실렸는데 한 번 읽어보드라고."

책 한 권의 무게가 더해졌다. 자전거여행
중 짐이 늘어난다는 건 그만큼 감당해야 할
무게가 늘어나는 셈이니 달가운 일만은 아
니다. 하지만 짐은 무거워질지언정 마음은
더 가벼워짐을 느꼈다. 길을 가며 생각해본
다. 나는 과연 처음 보는 이를 선뜻 집에 들일
수 있을까? 순수한 호의 앞에서도 의문을 품
는 지금의 내가.

거치대

보통 MTB자전거나 어느 정도 고가의 자전거는 퀵스탠드가 없답니다. 험한 산악 지형 주행 시 거치적거린다는 이유도 있고 무게를 줄이기 위해서이기도 하지요. 그렇기에 따로 자전거를 세워두기 위해선 거치대가 필요합니다.

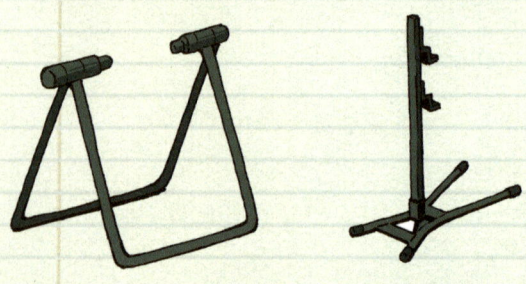

⚠ 허브 거치대　　　　　　⚠ 스테이 거치대

대표적으로 뒷바퀴의 허브에 고정하는 허브 거치대, 체인스테이와 싯스테이에 걸쳐서 고정하는 스테이 거치대가 있습니다. 그 밖에 벽면 고정형이나 벽걸이형도 있지만 이 두 가지가 가장 일반적이죠.

허브 거치대는 거치가 견고한 반면 설치하기가 번거롭다는 단점이 있습니다. 반면 스테이 거치대는 거치는 허브 거치대에 비해 견고하지 않지만 설치가 간편하다는 장점이 있지요.

떠나는 이유?

해남으로 가는 도로는 경사가 가파른 지형이 많아 자전거를 탈 때보다 끌고 가는 시간이 점점 많아지고 있었다. 도로 옆으로 펼쳐진 바다풍경도 어느덧 약간 지루해질 무렵, 가파른 언덕 하나를 넘자 눈앞에 새로운 풍경이 나타났다. 그것은 바로 여행자들이 도롯가의 벽에 써놓은 낙서들! 조금의 빈틈도 없이 수많은 낙서가 벽을 빼곡히 메우고 있었다.

– 서울에서 땅끝까지 삼각김밥만 먹고 5일 만에 완주!

– 땅끝 도착. 빨리 119 불러줘~.

– 포항~땅끝 무전여행. 세상은 아직 살만 하다.

여러 가지 낙서가 보인다. 역시 한국인들의 낙서근성은 어딜 가나 알아주는 것 같다. 그렇지만 왠지 정감이 가는 낙서들……. 그건 내가 이들과 같이 전국일주를 하고 있기 때문이겠지. 갖가지 재미있는 글귀가 많이 보여 하나하나 읽으며 천천히 걸어갔다.

어느덧 땅끝마을에 도착했다. 땅끝의 풍경을 한눈에 보기 위해 땅끝전망대에 올라가 보기로 했다. 땅끝전망대로 가기 위해선 2가지 방법이 있었는데 하나는 도보, 또 하나는 바로 땅끝 모노레일이다. 무전여행 중인 난 당연히 도보를 선택했다.

"좋아! 힘차게 한번 올라가 보자!!"

혜, 혜.
젠장...
돈이 원수지.

계단을 오르고 올라 드디어 도착한 땅끝전망대.

이거다! 바로 이걸 원한 것인지도……. 답답하고 좁은 공간, 반복되는 일상이 아닌, 그야말로 탁 트인 풍경. 집 근처에서 심심하면 볼 수 있는 바다였건만 지금 내 눈앞에 있는 이 바다는 무언가 조금 달라 보였다. 여기까지 내 힘으로 왔다는 성취감 때문일까? 내 마음속에도 작은 변화가 생긴 듯한 느낌이 들었다.

전망대에 올라 끝이 보이지 않는 드넓은 바다를 바라보니 말문이 막혔다. 무한한 행복과 더불어 새삼 두 다리로 자전거를 탈 수 있는 나의 저질 몸뚱어리가 고맙게 느껴졌다. 그렇게 바다를 계속 내려다보고 있자니 문득 여행 출발 전 만났던 친구와의 대화가 떠올랐다.

"야. 나 이번에 자전거로 전국일주 갈 건데 같이 안 갈래? 같이 가서 추억 좀 만들고 오자."

"싫다. 귀찮다!"

"너 80kg가 다 돼가잖아. 살도 좀 빼야 할 거 아니야. 운동도 되고 좋지 않나?"

"됐다. 그런 거 왜 하는데. 차 타고 가면 몰라도 그 고생하며 가려는
이유를 모르겠네!"

문득 아까 길에서 봤던 글귀가 생각났다. 녀석에게 해주고픈 한마디.

퀵스탠드(Quick Stand)

보통 일반 생활자전거에는 대부분 퀵스탠드가 달려있습니다. 말 그대로 레저나 스포츠보단 일상생활에서의 편리함을 위해서지요. 물론 저역시 싼 가격의 저가형 MTB로 여행했기에 퀵 스탠드가 달려있었습니다. 하지만 10kg이 넘는 무거운 짐을 실은 상태에서 오랫동안 세워둔 경우가 많았기 때문에 무게를 이기지 못하고 그만 부러져버렸지요. 앞서 설명했듯이 거치대를 갖고 다니면 해결되겠지만 조금의 짐이라도 줄여야 할 자전거여행에 거치대는 짐이 될 수밖에 없습니다. 그렇다고 항상 자전거를 바닥에 뉘어 놓을 수도 없는 노릇. 그래서 나온 제품이 바로 센터 퀵스탠드랍니다.

▲ 리어 퀵스탠드

▲ 센터 퀵스탠드

센터 퀵스탠드는 자전거의 중앙부를 받쳐주기에 리어 퀵스탠드에 비해 훨씬 견고합니다. 따로 거치대를 휴대할 필요도 없고 도중 부러질 염려도 줄어들기에 여행 시 유용하게 사용할 수 있습니다.

안전제일

해남 땅끝을 지나 77번 국도를 타고 영암으로 가는 길, 나도 모르게 콧노래를 흥얼거렸다. 자전거여행 중 콧노래가 나올 정도가 되려면 3가지의 충족요건이 필요하다. 멋진 경치, 시원하고 상쾌한 바닷바람, 그리고 내리막길. 이 세 가지가 모두 충족되어서인지 오늘따라 기분도 좋고 발걸음도 가벼운 느낌이었다.

'좋아. 오늘 좀 밟아볼까!'

며칠 전 넘어졌을 당시 이젠 브레이크를 잡으며 조심 조심 타야겠다는 다짐은 어느덧 저 멀리 안드로메다로 날려버리고 다시 노 브레이크 다운힐을 시작했다. 속도계는 점점 40km를 넘어 50km를 달리고 있었다. 하지만 신나게 달리던 그때, 갑자기 원인 모를 무언가로 인해 핸들이 방향을 잃고 마구 흔들리기 시작했다. 더 이상 방향을 걷잡을 수 없었던 찰나, 죽음의 문턱에서만 볼 수 있다던 슬로우 모션이 보이기 시작했다. 내 몸은 하늘을 날고 있었다.

'아. 저거였구나!'

이내 정신을 차리고 주변을 살펴보니 도롯가에 흩어져있는 흙더미와 자갈이 눈에 들어왔다.

차와 자전거의 시속 50km 체감 차이는 아주 크다. 차를 탔을 때 도로에서 시속 50km로 달린다면 주변 차량이 빨리 가라고 빵빵거릴 정도의 느린 속도이다. 하지만 자전거의 시속 50km는 그야말로 하늘 끝까지 날아갈 수 있을 것 같은 느낌이 들 만큼 빠르게 느껴진다.

저번에 그렇게 겪어놓고 또 이 꼴이 되다니! 점점 낙하하면서 지난번에 넘어졌을 당시의 기억이 떠올랐다. 저번엔 운 좋게도 상처하나 없이 끝났지만 이번엔 왠지 좋게 끝날 것 같지 않은 불길한 예감이 든다. 바닥이 점점 가까워져 왔다.

'죽었구나…….'

이내 굴러 떨어지며 아스팔트 바닥에 온몸이 부딪히기 시작했다. 그 뒤에도 한참을 더 굴러서야 겨우 멈출 수 있었다.

오늘 깨달은 사실 하나.

기적은 두 번 일어나지 않는다.

바닥에 긁힌 옷은 여기저기 찢어졌고 그 사이로 피가 새어나오고 있었다. 천천히 일어나 옷을 걷어보니 역시나 살갗이 다 까지고 왼쪽 무릎과 팔꿈치에서는 피가 줄줄 흐르고 있었다. 온몸이 욱신거렸지만 일단 누가 볼세라(이렇게 다친 상황에서도 아픈 마음보단 민망함이 더 컸으니까) 재빨리 몸을 일으켰다. 피가 자꾸 흘러나와 머리도 좀 어지러웠다.

내가 가진 약이라곤 고작 근육통 로션뿐이다. 이 상황에 근육통 로션을 바를 수도 없는 노릇이다. 응급처치라도 하고 싶었지만 아무것도 보이지 않는 산 속에는 도움을 청할 사람도 없었다. 일단은 이 상태로 민가가 있는 곳까지 이동해야 했다. 어쩔 수 없이 다시 몸을 추스르고 피를 흘리며 자전거 페달을 밟았다. 페달을 밟을 때마다 무릎과 팔꿈치 부분의 상처가 벌어져 피가 멈출 생각을 하지 않았다. 또 다시 이런 상황을 연출한 나의 부주의와 어리석음에 화가 치밀었다. 난 왜 스스로 위험한 상황에 처하게끔 행동하는 걸까? 정말 교통사고라도 한 번 제대로 나야 정신을 차릴는지. 화가 나 미치겠는데 상처는 욱신욱신 점점 더 아파 오고, 민가는 보이지 않는다. 정말 답이 없는 상황이다. 일단 피를 멎게 하기 위해 임시방편으로 손수건을 상처에 묶었다. 그 상태로 계속 달리다 보니 손수건에도 피가 흥건하다.

　'젠장! 젠장! 젠장!!!!!!!!'

그렇게 한 시간가량 달렸을까? 다행히 민가가 보였다. 생각하고 자시고 할 것도 없이 다짜고짜 들어갔다.

그런데 마당에 늑대만 한 개 한 마리가 있는 게 아닌가! 그 녀석은 스르르 일어나더니 나를 물끄러미 바라보았다. 자전거여행을 하다 보면 가장 곤란한 것 중 하나가 바로 '개'이다. 자전거랑 무슨 원수를 졌는지 지나갈 때마다 미친 듯 짖어대니까. 심지어 어떤 녀석은 물려고 달려드는 녀석까지 있었으니 긴장할 수밖에.

하지만 지금 내가 이것저것 가릴 상황인가! 또 언제 민가가 나올지 알 수도 없으니 일단 마당으로 들어갔다. 그렇다고 해도 달려들 위험이 있기에 주변에 떨어져 있던 각목 하나를 집어들고 개의 동향을 살피며 한걸음씩 천천히 나아갔다. 저 집채만 한 녀석이 달려들면 그야말로 답이 없었기에 잔뜩 긴장한 채로 출입구 쪽으로 향했다.

그런데 이상하게도 이 녀석은 나를 유심히 보더니 다시 자리에 털썩 주저앉는 게 아닌가. 의구심이 들었지만 상황이 상황인지라 일단 벨부터 눌렀다(물론 그 와중에도 막대기는 손에 꼭 쥔 채로.). 집에서 나오신 할아버지께서는 내 모습을 보더니 깜짝 놀라신 눈치다.

"할아버지. 제가 실수로 넘어져서 다쳤는데 약 좀 얻을 수 있을까요?"

"어이구, 이놈아. 조심해야제. 어쩌다가 일케 다쳐부렀냐."

할아버지께서는 얼른 집으로 들어가 구급상자를 가지고 오셨다. 그리곤 소독약을 바르고 밴드를 붙여주시며 정성스레 치료해주셨다. 이상한 건 그때까지도 개는 나를 향해 짖지도 않고 그냥 가만히 앉아서 바라보고만 있었다.

"감사합니다. 할아버지. 덕분에 살았어요."

"잘못하다 큰일 난다. 조심혀."

"근데 할아버지. 개가 참 똑똑한가 봐요. 제가 여행하다 보면 항상 개들이 엄청나게 짖어댔는데 얘는 짖지도 않고 말이에요. 마치 제가 아파서 왔다는 걸 아는 것 같아요."

그게 아니고,
이놈이 많이 늙었으야.
귀찮아서
그런 것이여.

땡~

하하하..

어찌됐든 내리막길은 조심히!

안면마스크

안면마스크는 겨울에는 매서운 바람으로부터 피부를 보호해주고 봄과 여름에는 자외선을 막아줍니다. 또한 얼굴에 흐르는 땀을 흡수해주고 황사로 인한 미세먼지도 차단해 주기 때문에 꼭 필요한 아이템 중 하나라고 할 수 있습니다.

사실 더운 여름날엔 안면마스크를 착용하는 것이 귀찮고 답답하게 느껴지기도 합니다. 하지만 여름에 라이딩을 해 본 사람이라면 왜 안면마스크를 착용해야 하는지 금세 깨달을 수 있을겁니다.

저 역시 여름에 안면마스크를 착용하지 않고 달린 적이 있는데 집에 돌아와 보니 하루살이 50마리 정도가 얼굴에 붙어 죽어있던 씁쓸한 경험이 있지요.

가혹한 풍경

꼬르륵거리는 배를 움켜쥐고 어느덧 영암에 도착했다. 요즘 들어 왠지 배가 고픈 주기가 점점 짧아지는 듯한 느낌이 들었다. 평소 집에 있을 땐 하루 1끼, 많으면 2끼 정도를 먹었었다. 그렇지만 자전거여행을 시작하고부터는 운동량이 많아서 그런지 내 위장은 점점 대용량화가 되어가고 있었다. 그런데다 무전여행이니 오죽하겠는가. 밥 달라고 아우성치는 배를 움켜쥐며 나아가는데 눈앞에 반가운 포스터가 보였다.

그것은 바로 '영암왕인문화축제' 포스터!! 마침 행사장도 가는 길목에 있던 터라 들렀다 가기에도 딱 좋은 상황이었다. 여행 중 꼭 경험해보고 싶던 것 중 하나가 축제였기에 기쁜 마음으로 행사장을 향해 달렸다. 그런데 막상 행사장 입구에 오니 고민이 되었다. 배가 너무 고팠던 것이다.

> '가보고 싶긴 한데 배는 고프고. 근데 관광지에서 들이대면 누가 좋아할까? 다들 싫어할 것 같은데······.'

모두가 모여 즐기는 축제의 장이었기에 자칫 그들의 기분까지도 망치게 할까 봐 왠지 들어가기가 꺼려졌다. 그러나 앞으로도 축제를 접할 기회가 쉽게 찾아오진 않을 것 같았다. 지금도 알고 찾아온 게 아니라 시기와 장소가 잘 맞아떨어져서 운 좋게 왔을 뿐이니까.

'에잇. 몰라! 그냥 구경이나 하다 가자.'

밥은 일단 포기하고 가벼운 맘으로 들어갔다. 이제 날씨도 많이 풀렸
는지 행사장으로 가는 입구 주변엔 벚꽃이 흐드러지게 피어 있었다.
어느덧 추운 겨울이 가고 봄이 오고 있음이 실감났다. 그러나 예쁘게
핀 벚꽃을 보며 감탄하는 순간도 잠시, 가난한 자에겐 가혹한 풍경이
펼쳐졌다.

'꼬르르르르르륵~.'

나로선 도저히 먹을 수 없는 가격대의 음식들뿐이었다. 하지만 꿈을
안고 살아가는 사람은 언젠가 그 꿈을 이룰 수 있다는 말도 있지 않은
가! 나의 간절한 바램에 부응하듯 한 점포가 눈에 띄었다. 그것은 바
로 와플 노점상이었다. 노릇노릇 잘 구워져 김을 모락모락 내뿜고 있
는 와플을 보니 순간 마음속에 갈등이 일었다.

'하나 사먹을까? 안 돼. 앞으로 무슨 일이 생길지 모르는데 함부로 돈을 쓸 순 없어.'

참아 보려 했지만 상황은 그다지 좋지 않았다. 이미 점심 무렵인데다 하루종일 쫄쫄 굶어서인지 머릿속엔 오로지 '밥' 생각뿐이었다. 쭈그리고 앉아 한참을 고민한 후 결국 반쯤(?) 들이대기로 적당히 타협했다.

'아마 천 원이겠지? 5백 원에 반쪽만 팔아달라고 부탁해보자!'

'에휴, 그냥 가자. 무전여행 중에 사먹긴 뭘 사먹는다고.'

축 처진 어깨로 돌아가려는 순간 옆에 있던 30대 중반 정도의 세 분의 아주머니 중 한 분이 내게 말을 걸었다.

"왜요? 돈이 없어요?"
"아뇨, 그런 건 아니고요. 제가 지금 무전여행 중이라서요."
"그래요? 그럼 제가 하나 사 드릴 테니까 먹고 가세요."

그러시더니 와플을 그 자리에서 사 주시는 게 아닌가! 역시 간절히 바라면 이루어진다는 말은 틀린 말이 아니었다.

"우린 다들 직장에 매여 있어서 여행가기도 쉽지 않거든요. 부럽네요. 이건 옥수수인데 가면서 먹어요."

그러면서 들고 계시던 옥수수도 내게 주셨다. 아주머니들과 헤어져와플과 옥수수를 먹으며 행사장 구경을 마치고 나오는 길에 때마침행사안내소가 보여 나주로 가는 길도 물어볼 겸 그곳으로 갔다.

"잘 구경하셨어요?"
"네. 그런데 나주……."
"아! 혹시 왕인 옛 유적 터는 가보고 오셨나요?"
"아뇨. 거긴 안 갔어요."
"원래 좀 외진 곳이라 사람들이 모르고 많이 지나치더라고요."
"그렇군요."

'오늘 나주까지 가려고 했으니 더 이상 지체하면 안 되겠지?'

잠시 고민했지만 더 이상 망설이지 않고 다시 길을 물어보려던 순간,

　"엇! 마침 잘됐네. 저기 오시는 할머니가 유적 터 뒷집에 사시거든
　요. 같이 가시면 될 거예요."

　"네? 아……."

　'아, 어떡하지? 그냥 갈까? 아님 좀 더 있을까?'

다시 고민에 빠졌다.

휴대용 멀티툴

자전거여행 중 기본적인 정비를 위한 최소한의 도구를 꼽는다면 멀티
툴(일명 맥가이버칼)이 그 중 하나라고 할 수 있습니다. 휴대용 멀티툴
하나에 육각렌치, 톡스렌치, 드라이버, 타이어 레버, 체인 툴 등 다양한
공구가 들어 있기 때문이죠.

자전거는 많은 부분이 육각볼트로 이어
져 있기에 여행 중 휴대하면 언제든
유용하게 사용할 수 있습니다. 특히
배를 탈 때 종종 자전거를 분해해야
할 경우가 있는데 그럴 때에도 유용하
게 사용할 수 있는 공구지요.

더구나 요즘 제품들은 휴대가 간편하도록 멀티툴과 더불어 펑크패치,
본드까지 포함되어 나오는 제품도 있어 여러모로 편리하답니다.

시대의 아픔

계획대로 나주에 도착하려면 지금 떠나야만 한다. 그렇지만 이 상황, 왠지 떠나기가 힘들다.

"따라온나."

이 한 마디를 남기시곤 할머니는 이내 앞장서 걸어가셨다. 그냥 '안녕히 계세요.' 하고 쌩하니 자전거를 타고 가버릴 수도 있지만 할머니의 뒷모습을 보니 왠지 그냥 발걸음을 돌리기 힘들었다.

'뭐 언제는 계획대로 다닌 적이 있었나. 어차피 시간도 남아도는 걸. 기왕 이렇게 된 거 천천히 더 구경하다 가지 뭐.'

이내 할머니와 함께 마을 안의 유적 터로 보이는 곳에 도착했다.

"여가 바로 우리 마을의 역사 깊은……."

그곳에서 할머니는 약 30분 정도 마을의 역사에 대해 아주 자세히 설명해주셨다. 하지만 청순한 뇌의 소유자인 난 설명의 1/4도 채 이해하질 못해 죄송스런 마음뿐이다.

4/5 한옥마을 오솔길...

"그랴. 밥은 잘 먹고 댕기냐?"

"네. 할머니처럼 좋은 분들 많이 만나 여기저기서 잘 얻어먹고 다니
고 있죠."

할머니의 초대로 할머니 댁에서 음료수를 마시며 대화를 나누게 되었다.

"그랴. 기왕 온 짐에 우리 집에서 밥도 먹고 천천히 쉬다가잉."
"와~. 할머니 최고!"

그렇게 할머니 집에서 식사를 하고 있는데 차 한 대가 마당으로 들어왔다. 마침 할아버지께서 오신 것이다. 그런데 할아버지께 인사를 드리려고 다가간 순간 무언가 이상하다는 걸 느꼈다. 할아버지의 손은 의족이었던 것이다.

"할아버지, 손은 어쩌다가 그렇게……."

"하하. 6.25 때 사고로 이케 됐으야. 그래도 생활하는 덴 암 지장 없당께. 운전도 잘허고."

이미 오래전에 극복하신 듯 아무렇지도 않게 웃는 할아버지의 모습이 멋져 보였다. 식사를 마치고 대화를 계속 하다 보니 한국전쟁에 대해서도 많이 듣게 되었다.

"너그들은(너희는) 실감이 잘 안 나겄지만은 그땐 참말로 힘들었당께."

할머니께서는 한국전쟁 때 부모님을 잃으셔서 그런지 말씀하시는 동안 눈시울이 붉어지셨다. 하지만 난 몸으로 느껴보지 못해서 인지 다른 나라의 이야기 같기만 하고 실감이 나지 않았다. 할머니의 이야기를 다 듣고 나니 한국전쟁에 대해 좀 더 자세히 알아야 할 필요가 있겠단 생각이 들었다.

상업성이 강할 거란 생각에 얼른 떠나려 했던 영암왕인문화축제.

나의 예상은 이번에도 여지없이 빗나갔다.

Episode 30.
어머니의 마음

또 다시 밤이 찾아왔다. 밤이 올 때마다 잘 곳을 찾아야 하는 이 신세, 물론 귀찮다고 생각될 때도 있다. 하지만 그와 동시에 이번엔 어떤 인연을 만날까 하는 설렘도 있다. 이게 바로 여행의 묘미 아니겠는가.

오늘도 수차례 문을 두드린 끝에 간신히 잠자리를 구할 수 있었다. 이미 해는 지고 사방이 컴컴해진 때였다.

　'아이고, 죽겠다~.'

긴장이 풀려서인지 따뜻한 바닥에 드러눕자마자 나도 모르게 스르르 잠이 들고 말았다. 그렇게 9시쯤 됐을까? 귓가에 반복해서 들리는 작은 소리에 잠이 깼다. 아직 잠에서 덜 깬 눈을 비비며 휴대폰을 열어 보니, 아니나 다를까. 부재중 전화가 10통 정도 와있었다. 발신자는 모두 엄마였다.

　'뭐야, 잘 자고 있었는데…….'

전화를 안 받으니 걱정되셨나 보다. 얼른 전화를 걸었다.

　"아들! 늦어도 6시까진 전화해야지. 전화를 계속 안 받길래 걱정했
　잖아."

"걱정은 무슨. 무소식이 희소식 아닙니까~."

"무슨 말을 그렇게 해. 아무튼 내일부턴 저녁 되기 전에 일찍 일찍 전화해."

"네, 네. 알겠습니다요. 주무세요."

다음날 아침, 일어나 떠날 준비를 하는데 회관으로 마을 아주머니 한 분이 오셨다.

"나도 다른 지방에 사는 아들이 있는데 나이대가 비슷해서 그런지 꼭 우리 아들 같네."

그렇게 대화를 하던 도중 내 상처를 보시곤 놀라 물으셨다.

"너 그 팔꿈치에 상처는 어디서 다친 거니? 되게 심하게 까진 것 같은데."

"뭘요. 그냥 좀 넘어진 것 뿐인데요."

"안 돼. 약 발라야겠다."

"아뇨. 이제 괜찮아요."

"괜찮은 게 아닌데 뭘."

그러시더니 댁에서 구급약을 가져와 내게 발라주셨다. 정성스레 소독을 하고 밴드를 붙여주시는 어머니. 감사 인사를 드린 뒤 이제 떠나려는데 멀리서 어머니께서 나오시는 게 보였다.

"이거 밥이랑 김치니까 가면서 굶지 말고 잘 먹고 다녀."

그러면서 보따리 하나를 건네주시는데, 크기가 장난이 아니었다. 5인용 밥솥 크기의 보따리를 받아드니 온기가 느껴졌다. 아마도 갓 지은 밥인 것 같았다. 앞으로 3일은 끄떡없을 양이다.

"이렇게나 많이. 잘 먹을게요. 어머니."
"그래. 그리고 이거 넣어둬."

그러시며 주머니에 무언가를 찔러 주셨는데 알고 보니 '돈'이었다.

"아니에요. 그래도 이건 받을 수······."
"엄마가 용돈 주는 거야. 어서 가. 항상 차 조심하고."

한사코 거절했지만 계속 쥐여주시는 통에 얼떨결에 돈까지 받게 되었다. 그렇게 인사를 드린 후 자전거를 타고 떠나려는데, 20m쯤 왔을까? 갑자기 무언가 이상한 느낌이 들어 뒤를 돌아보니 떠나는 내 뒷모습을 바라보며 눈물을 닦고 계신 어머니의 모습이 보였다. 이럴 수가!

'본 지 고작 이틀밖에 되지 않은 내게······. 이런 게 바로 모든 어머니들의 마음인 걸까?'

갑자기 문득 집에 계신 엄마 생각이 났다. 나는 엄마에게 있어 어떤 아들이었지?

엄마는 무릎이 좋지 않아 무거운 걸 들 수 없는데도 나는 항상 내 생각만 했었다. 어제도 걱정하시는 걸 뻔히 알면서 단지 귀찮은 마음 때문에 전화하지 않았으니까. 이런저런 생각에 마음이 차츰 무거워질 무렵, 하늘에서 한두 방울씩 비가 내렸다. 비를 피할 겸 때마침 보이는 커다란 나무 밑으로 잠시 피신했다. 비가 와서 그런지 그동안의 만행이 마음을 짓누르는 듯한 기분이었다.

"난 정말 못된 놈이구나."

여행을 떠난 뒤로 엄마는 아침마다
내게 응원의 메시지를 보내주신다.

어제까지만 해도 그냥 넘겼을 이 문자가
오늘은 왜 이렇게

가슴을 울리는 걸까.

이방인

저녁 무렵, 어느덧 광주에 도착했지만 오랜만에 만난 도시 풍경은 왠지 정이 가지 않았다. 연방 클랙슨을 울려대는 차량과 거리를 오가는 수많은 사람으로 도시는 매우 삭막하고 혼잡스러워 보였으니까. 지금껏 시골 위주로 다녀서인지도 모르겠다. 나 역시 지금 도시에 살고 있고 여행을 마치고 돌아가게 될 곳도 결국엔 도시지만, 빨리 이곳을 벗어나고픈 마음밖에 들지 않았다.

'얼른 담양으로 가자!'

원래는 꽤 늦은 시각이었기에 광주에서 하루를 보낼 계획이었지만 곧바로 담양으로 가기로 했다. 하지만 광주의 표지판이 잘못된 건지, 내가 길치여서인지 2시간가량 계속 같은 곳을 돌고 도는 느낌이다. 마침 경찰 아저씨가 보여 길을 물을 겸 다가갔다.

"안녕하세요. 담양으로 가려고 하는데 어디로 가야 하죠?"

"담양이요? 지금 이 시간에 가려고요? 이제 곧 밤이라 위험할 텐데."

현재 시각 오후 6시, 이제 곧 어두워질 터라 좀 위험할지도 모른단 생각이 들었다.

"그럼 이 근처에 공원 같은 거 있어요?"

"공원은 왜요?"

"야영하려고요."

"음. 그건 좀 위험할 것 같은데. 그럼 일단 저희 지구대에 가 계실래
요? 빈방이 몇 개 있는데 하루쯤 재워줄 수 있을 것 같아요."

"아. 정말요? 저야 감사하죠."

마다할 이유가 없었기에 지구대로 향했다.

"여기 커피 한 잔 드세요."

지구대에 도착하니 한 여경 누나가 무전으로 연락을 받았으니 편히
앉아 있으라며 자리를 내주고 커피를 타주셨다. 커피를 홀짝홀짝 마
시고 있는데 누나가 갑자기 귓속말로 내게 말했다.

"아까 만나신 이순경님 같은 경우는 정이 좀 많으신 편이거든요. 하
지만 다른 분들은 그렇지 않을 수도 있거든요? 그런 부분은 좀 이
해해주세요."

"아, 네."

아까 내가 만났던 분이 이순경님이란 건 알겠지만 그 밖의 다른 말은
무슨 소리인지 이해가 잘 가지 않았다. 이윽고 다른 경찰들이 날 보더
니 한마디씩 던지기 시작한다.

"어이 자네. 신분증 내놔봐."

"신분증이요?"

"신원확인 해야 될 거 아냐. 자네 같으면 알지도 못하는 사람 막 재울 수 있겠어?"

말투가 좀 기분 나빴다. 왠지 취조당하는 느낌이랄까? 어쨌든 신분증을 드렸다.

"울산에서 왔구먼. 학생이야? 뭐하고 다니는 거야?"
"무전여행 중입니다."

'왠지 표정관리가 안 되는구먼.'

기분이 슬쩍 나빠졌다. 여경 누나의 말이 조금은 이해가 되는 느낌이었다. 그때 마침 이순경 아저씨가 들어오셨다.

"어, 여기 와있었네요. 안쪽 빈방에서 자고 아침 일찍 씻고 가세요. 저흰 순찰 가봐야 하거든요."

이순경 아저씨와 여경 누나는 함께 순찰을 나갔다. 그 두 분이 나가자마자 뭔가 분위기가 좋지 않다는 걸 느꼈다.

급기야 시간이 갈수록 주변 시선은 따가워지고 분위기는 더 살벌해 졌다.

'아까부터 정말 불쾌하게 쳐다보네. 그냥 갈까?'

그들에겐 고작 떠돌이 이방인을 재워줄 만한 여유 따윈 없어 보였다. 나갈까 말까 고민하던 차에 한 경찰이 내 어깨를 덥석 잡았다.

"이봐, 자네. 여기가 여관도 아니고, 빈방이 있어도 사람들 지나다니 고 하면 너도 불편할 거야. 그러니 나가서 딴 데 찾아보든지 해."

어차피 나도 그러려던 차였기 때문에 미련 없이 나가기로 했다. 그렇 지만 이미 어두컴컴한 밤이라 길 찾기도 쉽지 않을 것 같았다.

"혹시 근처에 공원 같은 데 있어요?"

"그런 건 네가 알아서 해. 너 담양까지 갈 거라며? 담양 가는 길 알 려줄 테니까 그리로 가든지. 난 딱 거기까지만 알려 줄 테니까."

"……."

끝내 사무적인 태도로 일관하는 그 경찰을 보니 순간 짜증이 확 치밀 었다. 밤 8시경, 한참을 헤맨 끝에 겨우 광주를 빠져나와 담양으로 향 했다. 나 역시 그들의 입장을 이해하지 못하는 건 아니다. 직업 특성 상 험한 일도 많을 테고 밤이 깊어질수록 더 바빠질 테니까. 하지만 여전히 화가 나는 건 어쩔 수 없었다.

'친절하게 말해 줘도 될 것을 노골적으로 짜증내다니. 마치 귀찮은 짐짝 처분하는 것처럼…….'

하지만 기분이 나빠도 어쩔 수 없었다. 그들에게 있어 난 단지 이방인, 즉 아무 상관도 없는 타인일 뿐이니까. 그걸 알지만, 마음 한구석으로 씁쓸한 기분이 드는 건 어쩔 수 없었다.

페달

가끔 길을 가다 보면 페달이 아주 작은 자전거를 보실 수 있을 겁니다. 바로 클립리스 페달이지요. 페달은 크게 수평 페달과 클립리스 페달로 나뉩니다.

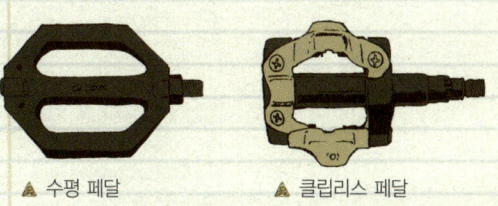

▲ 수평 페달   ▲ 클립리스 페달

수평 페달은 말 그대로 우리가 일반적으로 쓰는 평페달을 말합니다. 등산화나 운동화 등 신발구분 없이 편하게 신고 밟아주면 되지요. 반면 클립리스 페달을 사용하기 위해선 '클릿슈즈'라 불리는 전용 신발을 신어야 합니다. 페달에 슈즈를 체결하는 방식이며 무게가 수평 페달에 비해 가볍고 크기도 작습니다. 또한 힘 전달이 잘되어 페달링도 더 효율적이지요. 하지만 해제 시 숙달되지 않은 상태라면 자칫 사고가 날 수도 있습니다.

Episode 32.
여행중 일탈

광주에서 담양으로 향하는 길, 이미 시간은 밤 9시를 지나고 있어 주변은 어두컴컴하다. 한치 앞도 잘 보이지 않는 밤길을 자전거로 달리다니, 기분 최악이다. 여행을 떠나기 전 내가 꼭 지키자고 다짐한 규칙사항이 3가지 정도 있다.

1. 도심지에 텐트 치지 않기

2. 비 올 때 달리지 않기

3. 밤에 달리지 않기

이 세 가지는 웬만하면 여행 도중 하지 않으려 했던 행동이다. 이유는 단 하나. 위험하니까! 그렇게 얼마를 더 달렸을까? 저 멀리 한 마을이 보이기 시작해 일단 마을 안으로 들어갔다. 대게의 시골마을은 9시면 불이 켜진 곳이 몇 군데 보이지 않는데, 이 마을 역시 별반 다르지 않은 듯했다. 컴컴한 어둠을 헤치고 마을의 한 암자를 발견했다. 그곳에서 야영을 하기 위해 텐트를 꺼내고 지지대를 세우려는데, 때마침 트럭 한 대가 마을입구에 들어왔다. 그리고 차에서 한 남자가 내렸다.

외부인인 나는 야영을 하기 전 항상 마을 분들께 허락을 받았다. 외지인이 아무 말도 없이 마을에 들어와 있으면 아무래도 편치 않을 테니까. 캄캄한 밤이지만 마을 분이 있는 걸 본 이상 인사하지 않을 순 없었기에 다가가 인사를 드리고 허락을 받기로 했다.

"안녕하세요. 전 울산에서 온 자전거여행 중인 학생인데요. 저기 있는 마을 암자에 텐트 좀 쳐도 될까요?"

"어. 그랴."

한밤에 산적같이 생긴 낯선 이의 등장에 아저씨께서는 깜짝 놀라셨는지 얼떨결에 대답을 하고선 이내 돌아서서 집으로 가셨다. 그런데 아저씨께서는 가시다 말고 갑자기 저 멀리서 나를 불렀다.

"근데, 밥은 먹었는가?"

사실 저녁을 못 먹은 상태였지만 10시가 가까워가는 시간이라 댁에 가서 밥을 얻어먹는 건 아무리 낯짝이 두꺼운 나라 해도 실례가 될 것 같았다. 눈물이 날 것 같지만 거절하는 수밖에……

"예. 먹었어요."
"진짜로?"
"네. 먹고 왔어요. 신경 써주셔서 감사합니다."

잠시 의문스러운 표정을 짓던 아저씨께서는 다시 집으로 돌아가셨다. 허락도 받았겠다, 지지대를 치고 텐트를 세우려는데 아저씨께서 다시 날 부르신다.

"어이! 이리 좀 와봐."
"네?"
"그러지 말고 그냥 여기 마을회관서 자. 내가 이장님께는 다 말해 놓을 텐께. 회관엔 암도 없은께 걱정하지 말고. 추운데 따습게 자야제."

그러면서 말없이 회관에 들어가 손수 보일러를 돌려주셨다.

"글고 내일 아침 7시에 인나서 다 준비하고 있어잉. 내가 델러 올 텐께 우리 집서 밥 같이 먹자고."

밤중에 찾아온 내가 귀찮을 수도 있을 텐데 귀찮아하시긴커녕 잠자리와 아침까지 신경 써주셨다. 다음날 아침, 아저씨네 집에서 가족들과 같이 식사를 하게 되었다. 그리고 보니 어젯밤엔 날이 어두워 제대로 알아보지 못했는데 아저씨라기보단 형뻘이었다. 나이는 삼십대 중반 정도. 모 대학교의 축구코치로 일하고 계신다는데 그래서인지 말투에서 남자다움이 많이 느껴졌다.

밤도 먹었으니 일 좀 도와드리고 가야겠다!

음, 아직 농사철이 아니라서 일이 없어.

이런;;;

작별인사를 한 뒤 다시 담양을 향해 달리며 금기를 깨고 달린 어젯밤 라이딩을 생각해보았다. 분명 위험한 일이었음엔 틀림없지만 내가 생각하던 만큼의 사고나 나쁜 일 따윈 일어나지 않았다. 생각해보면 어차피 여행은 일탈의 연속이다. 평범하고 반복되는 일상을 벗어나 비일상적인 일탈의 짜릿함을 만끽하기 위해 여행을 떠나는 것이 아니던가. 그런 의미로 생각해보자면 어제의 일도 단순히 위험한 행동으로 생각하기보단 '여행 중의 일탈' 쯤으로 생각해도 될 것 같다.

자전거여행을 항상 즐거운 일만 가득할 거라고 생각하는 사람도 있겠지만 꼭 그렇지만은 않다. 경사가 심한 오르막길을 오를 땐 온몸에 땀을 삐질삐질 흘리며 올라가야 할 때도 있고, 갑자기 소나기라도 오면 홀딱 젖은 생쥐 꼴이 되기도 한다. 또 아름다운 풍경이 있는 지방도로와 달리 지루하고 반복되는 풍경의 국도를 달리는 건 그야말로 곤욕이다. 그런 곳을 달릴 때엔 느린 속도로 페달을 밟아가는 자전거여행에 회의가 들 때도 종종 있다. 오토바이였다면 빠른 속도로 지나갈 수 있을테니까.

물론 즐거운 만남을 갖거나 자신의 힘으로 페달을 밟아 목표한 장소에 도착했을 때의 뿌듯함은 이루 말할 수 없지만 그에 따른 희생도 분명 존재한다. 그러니 계속해서 페달을 밟는 반복되는 상황 속에서 지루함을 느낄 때엔 한번쯤 '여행 중 일탈' 을 즐기는 것도 괜찮지 않을까? 그 일탈마저도 새로운 인연을 만나게 된 계기가 되었으니 말이다.

클릿슈즈

클릿슈즈는 클립리스 페달과 함께 사용하는 클립리스 페달용 신발입니다. 일반 수평 페달은 페달을 누르는 힘만으로 앞으로 나아가지요. 또 페달에서 발이 조금씩 미끄러지기 때문에 어느 정도의 힘이 소실됩니다.

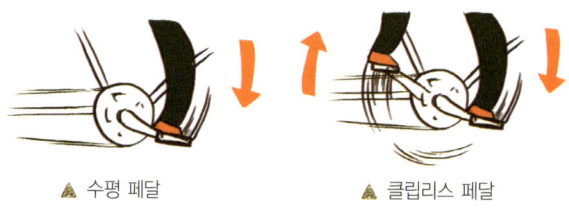

▲ 수평 페달　　　　　　　▲ 클립리스 페달

그에 반해 클릿슈즈는 페달에 체결되기에 힘의 손실이 없고 누르는 힘과 들어올리는 힘을 동시에 전달하기 때문에 페달링 효율이 좋다는 장점이 있습니다. 그 덕에 업힐에서는 그 위력을 충분히 발휘하지요.

클릿슈즈를 처음 신는 대부분의 사람은 급정지 시 페달을 해제하지 못한 상태로 넘어지고 말지요. 오죽하면 클릿슈즈를 처음 신게 되면 기본 3번은 넘어진다는 말이 있을 정도니까요. 그러므로 충분히 숙달된 상태에서 타는 게 안전하겠죠!

비타민 충전 완료!

"이야. 나도 도보로 전국일주한 적 있는데. 왠지 남 같지가 않네요."

정읍으로 가는 길에 들른 산림박물관에서 안내와 해설을 하시는 아저
씨 한 분을 만나게 되었다.

"이렇게 만난 것도 인연인데 제가 커피 한 잔 뽑아드릴게요."

"하하. 저야 감사하죠."

"어디로 올라갈 예정이에요?"

"음. 아마 대전 쪽으로 갈 것 같아요. 그쪽에 사촌형이 살고 있거든
요. 한번 들렀다 갈까 해서요."

"그럼 전주를 지나서 올라가겠네요?"

"아⋯⋯. 글쎄요."

사실 난 전주를 거치지 않고 완주를 지나 대전으로 갈 생각이었다. 광
주에서의 찝찝한 기억 때문에 더 이상 도심지에 가고 싶지 않은 이유
도 있었다.

아저씨는 전주로 오면 연락하라고 명함 한 장을 내미셨다. 아저씨의
직책은 숲 연구가셨고 박물관에 있는 동안 내부 곳곳을 아주 친절하

고 재미있게 설명해주셨다. 사실 난 박물관이란 곳에 대해 그다지 큰 흥미가 없었다. 그냥 쓱 둘러보고 나오는 곳 정도로 생각하고 있었다. 그러나 아저씨의 해설을 들으며 관람을 하니 박물관이 색다르게 보였다.

'따분한 곳인 줄 알았더니. 이렇게 재밌는 곳이었구나!'

해설을 듣고 안 듣고의 차이가 이렇게 클 줄이야! 물론 아저씨가 재밌게 설명해주신 덕분이기도 하지만 태어나 처음으로 제대로 박물관 관람을 한 느낌이었다.

"오늘 만나서 반가웠어요. 전주에 도착하면 꼭 연락주세요."

'마음은 감사하지만, 아마 갈 일은 없겠지.'

그렇게 아저씨와 헤어져 완주로 가는 길. 정읍을 지나던 중 다다른 산외마을 입구에는 거대한 소 동상이 세워져 있었다.

뭐지 이건?
뜬금없이.

음?
토테미즘?

알고 보니 산외마을은 한우로 유명한 마을이었다. 하지만 무전여행 중인 나에게 한우란 전혀 해당사항이 없었다. 얼른 가자! 눈물을 머금고 지나치려는 찰나, 옆에 있던 관광안내소에 '커피 무료'라는 문구가 눈에 띈다. 그러잖아도 배가 고픈 참이라 이것저것 따질 것 없이 돌진했다. 관광안내소 안엔 40대 중반 정도의 아주머니 두 분이 앉아 계셨다.

"안녕하세요. 커피 무료라고 적혀 있던데 맞나요?"

"물론이지. 잠시만 기다려. 맛있게 타줄 테니. 혼자 여행하나 봐? 안 힘들어?"

"힘들긴요. 좋아서 하는 건데 재밌죠."

아침도 못 먹은 지라 커피로라도 배를 채울 생각에 바로 들이켰다. 이내 아침 찬바람에 얼어붙었던 몸이 따뜻한 커피 한 잔으로 인해 생기가 돌았다. 바로 그때 내 눈에 띈 노란 박스. 그것은 비타민 음료수 박스였다.

"어머님. 저 이거 한 병만 마셔도 돼요?"
"그럼, 그럼. 마셔."

여행하는 날들이 길어질수록 두꺼워지는 건 낯짝뿐이라더니, 이젠 스스럼없이 마구 들이댄다. 어머니께서는 망설이지 않고 바로 음료

한 병을 꺼내주셨다. 받자마자 따서 시원하게 들이키는데 그 모습을 보신 어머니께서는 잠시 생각하시더니,

"아니. 그러지 말고 그냥 한 박스 통째로 줄 테니 가져갈래?"
"정말요? 그래도 괜찮으세요?"
"물론이지. 근데 들고 갈 수 있겠어?"
"네. 자전거 그물망이 있어서 문제없어요."

아주머니들께서는 전에도 무전여행 중인 대학생들을 도와 준 적이 있다고 하셨다. 나를 보곤 그때 생각이 나신다며 좋은 사람만 만나며 즐거운 여행을 하라고 응원해주셨다. 그렇게 비타민 음료 한 박스를 싣고 떠나는데, 한 박스라 그런지 무게가 느껴졌다.

'들고 가기 은근 번거로운 걸?'

여행 중 과일을 많이 못 먹어 비타민 섭취가 부족하기도 했고, 짐도 줄일 겸 자전거를 세워 두고 퍼질러 앉아 한 병 씩 꺼내 천천히 마시기 시작했다. 그리고 서서히 빈병이 내 옆에 쌓여나갔다. 옆에서 쟁기질을 하시던 할아버지께서는 날 신기한 눈으로 바라보고 계셨다. 그도 그럴 것이 동물원에서만 볼 수 있는 '물먹는 하마'를 눈앞에서 목격하셨으니 말이다. 결국 한 박스의 음료는 만 하루를 넘기지 못하고 그 자리에서 내 뱃속으로 모두 들어가 피가 되고 살이 되었다.

'정읍 산외한우마을. 다음엔 한우 먹으러 꼭 다시 오리라!!'

Episode 34.

도시보다 사람

'어라? 어쩌다 여기로 온 거야?'

완주로 가기 위해 페달을 밟던 중 눈앞에 나타난 한 표지판.

도심지엔 오지 않으려고 했지만 이것도 하늘의 뜻이려나? 보이지 않는 인연의 끈이 일전의 아저씨를 만나고 가라고 날 이곳으로 이끈 걸지도 모르겠다. 숲 연구가 아저씨께 전화를 걸었다.

"어! 사이클 청년이구먼!"

"네. 바로 아시네요! 아저씨, 저 지금 전주에 왔어요."

"벌써? 내가 퇴근하고 전주까지 가려면 7시쯤 될 것 같은데."

"그래요? 그럼 그때까지 전주한옥마을 구경하고 있을게요. 천천히 오세요."

"그러면 되겠네. 그럼 이따 보자고."

그렇게 전혀 계획에도 없었던 전주한옥마을에 가게 되었다.

"와. 그냥 갔으면 후회했겠는데?"

일제강점기 무렵 일본인들의 상권독점에 대한 반발목적으로 하나 둘씩 지어진 한옥들이 계속 이어져 현재의 모습을 갖추게 되었다는 전주한옥마을. 그

리고 바로 옆에는 전라도의 서양 건축물 중 가장 크고 오래되었다는 전동성당이 있었다. 마을 사이로 조그만 개천이 흐르고 곳곳에 아기자기한 장식들로 꾸며져 있어 이곳저곳 돌아다니다 보니 금세 시간이 흘렀다. 이윽고 저녁 7시, 드디어 아저씨와 다시 만나게 되었다.

"많이 기다렸나?"
"아뇨. 구경하느라 시간가는 줄도 몰랐어요."
"어여 밥부터 하자."

아저씨를 따라 한옥마을의 한정식집에 가게 되었다. 오늘은 제대로 배 터지게 먹을 수 있겠구나! 그렇게 함께 식사를 하며 아저씨의 이야기를 듣게 되었다.

"나가 직업군인 출신이걸랑. 근데 원래 하고 싶었던 건 군인이 아니라 숲 연구가였제. 군인생활을 하면서도 항상 마음속에 그게 걸리더라고. 그래서 나이 마흔에 숲 연구가가 되고 싶어서 대위로 제대했제. 사람들이 다들 미쳤다고 그러더라고. 그 좋은 직장 그만두고 왜 그 나이에 처음부터 다시 시작하려고 하냐고. 나도 많이 생각했었지. 혼자라면 상관없지만 아내도 있고 애들도 있었은께. 아내와도 많이 싸웠제. 앞으로 어떡하려고 그러냐고. 나도 답답했고 말이지. 그래서 생각도 좀 하고 마음 정리도 할 겸 나이 마흔에 서울에서 해남까지 도보일주를 하게 된 거지. 하면서도 하루에도 몇 번씩 내가 이 짓을 왜 하나 그런 생각도 들었고. 그러면서 결국 해남까지 가고 나니까 나도 모르게 눈물이 나더라고. 그리고 그 길로 집으로 돌아가 마음 정리하고 정말 열심히 공부해서 숲 연구가가 됐지. 그래서 말인데, 사람은 다른 일을 하고 있더라도 결국엔 자기가 원하는 걸 찾아가게 되는 것 같아."

잘 닦여진 길을 두고 포장되지 않은 거칠고 험한 길을 간다는 게 말처럼 쉬운 일은 아닐 텐데……. 그렇지만 아저씨의 말에 어느 정도 공감이 갔다. 나 역시 처음에는 만화가 아닌 다른 길로 돌아갔지만 지금은 결국 하고 싶은 일을 향해 가고 있으니 말이다.

"지금은 원하던 일을 하시니까 정말 행복하시겠어요."

"당연하지. 하하. 어제 자네 본께 옛날 생각 많이 나더라고. 배고플 텐데 많이 먹어."

"네. 잘 먹겠습니다!!"

밤 11시경, 아저씨와 헤어진 뒤 전주의 이름 모를 한 공원의 다리 밑에 텐트를 쳤다. 또 다시 세 가지 금기 중 하나를 어기게 되었다. 하지만 역시 기분은 좋았다. 도심이라 인심이 야박할 거란 내 생각은 역시 잘못된 생각이었다. 장소가 아닌, 누굴 만나느냐에 따른 차이가 있을 뿐이니까!

후방거울

자전거여행을 하다 보면 뒤에서 소리 없이 갑자기 튀어나오는 오토바이나 차량 때문에 깜짝깜짝 놀랄 때가 있습니다. 그런 상황에서 핸들을 조금만 잘못 조작한다면 사고로 이어질 확률도 있고요. 그런 이유로 자전거에도 후방거울을 부착할 수 있답니다. 효과는 자동차의 사이드미러와 같다고 보면 되겠죠. 후방거울을 통해 뒤에 오는 차량에 대비할 수 있으니까요.

꼭 필요하지 않을 수도 있지만 안전을 위해서라면 하나쯤 있는 편이 좋겠죠? 다만 관리를 잘 못해 자전거가 넘어질 경우 깨질 염려가 있으니 주의가 필요하지요.

Episode 35.

잘못된 선택

어느덧 충청남도에 입성했다.

오늘은 사촌형을 만나기 위해 대둔산 자락의 17번 국도를 넘어 635 지방도를 따라 대전까지 가기로 결정하고 열심히 페달을 밟기 시작했다. 하지만 계속 되는 오르막길 덕에 서서히 지치기 시작했다.

우리나라는 70% 이상이 산악지형이라던 말. 항상 어딜 가더라도 차로 이동했기에 별로 실감할 일이 없었건만 지금은 뼈에 사무치게 실감이 났다. 무리해서 페달을 밟으면 올라갈 순 있겠지만 왠지 무릎에 좋지 않을 것 같은 느낌이 들어 손으로 자전거를 밀며 천천히 올라갔다. 1시간쯤 지났을까? 마침내 정상을 넘어 시원하게 내리막길을 가르며 달린다.

'바람을 가르는 다운힐. 이 맛에 자전거를 탄다니까!'

"안녕하세요."
"앗? 아, 안녕하세요."

그때 갑자기 내 옆으로 자전거를 탄 두 사람이 나타났다.

"반가워요. 이 근처에서 자전거 타는 사람은 저희 부부뿐이거든요. 그런데 누가 보이니 정말 반갑더라고요."

"아. 그러시군요. 멋지시네요. 부부가 함께."

나 역시 반가운 마음에 함께하는 동안 부부에게 여행을 하며 겪어온 일들을 얘기해주었다.

"와. 무전여행 중이셨군요. 그럼 오늘 우리 집에서 하루 자고 가 세요."

순간 고민되었다. 어쩌지? 대전에 사는 사촌형한테 오늘까지 간다고 했는데. 으······. 아쉽지만 어쩔 수 없지.

"감사하지만 오늘 대전에 사는 사촌형을 만나기로 했거든요. 그래서 안 될 것 같아요."

"그렇군요. 여행 얘기도 좀 듣고 싶었는데. 아쉽지만 할 수 없네요."

두 분과의 짧은 라이딩 후 이내 작별인사를 하고 헤어졌다. 그렇게 여행 시작 후 처음으로 100km를 주파하며 대전에 도착했다.

그날 밤, 사촌형 덕분에 오랜만에 고기도 먹고 밀린 빨래도 마친 뒤 편안한 잠자리에 들었다. 그런데 무언가 이상한 느낌이 자꾸 들었다. 부족할 것 없이 풍족한 상황인데 왜 이렇게 뭔가 찝찝한 느낌이 자꾸 드는 걸까?

　"앗!!!!!!"

나도 모르게 자리에서 벌떡 일어났다. 그제야 이 찝찝함의 이유가 무엇인지 알 것 같았다. 여행지에서의 인연, 그것은 오직 한 번뿐인 만남의 기회이다. 난 사촌형을 만나러 가야한단 이유 때문에 그 소중한 인연의 끈을 놓쳤던 것이다.

　'사촌형은 언제든 만날 수 있어. 하지만 그 부부는 앞으로 다신 볼 수 없을지도 모르는데. 이 바보, 멍청이, 해삼, 멍게, 말미잘 같은 놈!'

이 날의 잘못된 선택은 여행을 하는 내내 후회로 남았다. 여행지에서의 단 한 번뿐인 소중한 인연. 여러분은 절대 놓치지 마시길!

밸브의 종류

자전거 바퀴에 바람을 넣고 뺄 때 여닫는 밸브. 다 똑같아 보이지만 밸브에도 여러 가지 종류가 있답니다. 그래서 펌프를 구입할 때에도 자신의 밸브타입에 맞는 펌프를 구입해야 합니다.

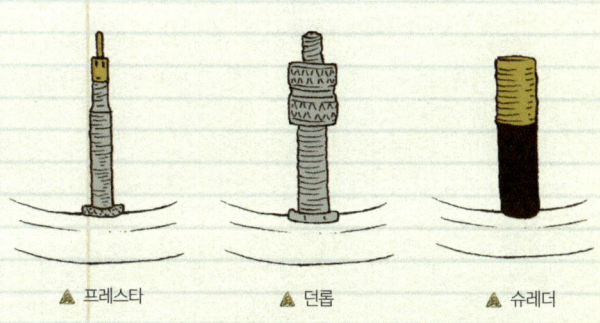

| 🔺 프레스타 | 🔺 던롭 | 🔺 슈레더 |

밸브의 종류는 크게 던롭, 프레스타, 그리고 슈레더. 이 세 가지 타입으로 나뉩니다.

프레스타밸브는 공기압의 미세조절이 가능해 MTB, 로드바이크 등의 자전거에 주로 사용된답니다. 던롭밸브는 일반 생활자전거에 많이 사용됩니다. 흔히 동네 자전거포 앞에 아무나 쓸 수 있도록 놔둔 펌프가 있는데 대부분 던롭용이지요. 슈레더밸브는 튼튼하고 내구성이 높아 MTB와 오토바이뿐 아니라 자동차에도 사용한답니다.

그렇다면 프레스타밸브와 던롭밸브 타입의 자전거를 각각 한 대씩 갖고 있다면 두 개의 펌프를 모두 사야 할까요? 아닙니다. 그럴 필요 없이 겸용 어댑터를 구입하시면 세 가지 타입에 모두 적용하여 사용이 가능하답니다.

아침을 상쾌하게!

여기는 청주의 한 원룸. 대전의 사촌형과 헤어진 뒤 청주대학에 다니며 자취하고 있는 친구의 집에 묵게 되었다. 친구는 학교를 다니기 때문에 집 열쇠만 받아들고 먼저 들어가게 되었다.

'왜 이렇게 먹을 게 없어?'

역시나 자취를 해서 냉장고가 텅 비어 있었다. 하지만 내가 누구던가. 며칠 간의 무전여행은 날 이미 짐승으로 만들어 놓았다. 바로 먹을 걸 찾아 집을 이 잡듯 뒤지기 시작했다. 찬장에 있던 라면, 냉장고에 있던 계란, 구석에 있던 먹다 남은 콘프로스트. 발견하는 족족 모두 내 뱃속으로 직행했다.

여행을 하면 할수록 위장이 점점 늘어나는 듯했다. 처음 집을 막 나왔을 땐 하루 두 끼 정도로도 달릴만했지만 지금은 삼시 세 끼 꼬박 다 챙겨 먹어도 무언가 부족한 듯한 느낌이 들었다. 이 상태로 가면 여행 막바지즈음엔 대체 얼마나 먹게 될까?

다음날 아침, 여느 때와 같이 일찍 잠에서 깼다. 옆을 보니 친구는 아직 세상 모르게 깊이 잠들어 있었다. 여행을 하며 얻은 좋은 습관 중 하나가 바로 '일찍 자고 일찍 일어나는 것'이다. 평소 집에서 폐인(?) 생활을 할 땐 새벽 4시쯤 잠자리에 들어 오후 2시경에 일어날 만큼 생활패턴이 엉망이었다. 그렇게 자고 나서도 왠지 개운하지 않고 찌뿌드드한 기분이었건만, 지금은 12시가 넘어서 잠들어도 6시만 되면 저절로 눈이 떠졌다. 그리고 일어났을 때에도 항상 몸이 개운했다. 이게 바로 운동 효과라는 건가?

그러나 일찍 일어난 건 좋은데 또 배가 고프기 시작했다. 더구나 친구 집은 내가 어제 다 털어버렸기 때문에 먹을 게 남아 있지 않았다. 그렇다고 자고 있는 친구를 깨울 수도 없는 노릇이니. 일단 찬장과 냉장고에 어제 찾지 못한 먹을 것이 조금이라도 남아 있나 해서 얼른 이곳저곳을 뒤져보았다. 그러던 중 냉동실이 내 레이더망에 포착됐다.

식사 후 자전거로 청주를 간단히 둘러보았다. 오리들의 서식처인 명암저수지, 청주국립박물관, 청주 상당공원까지. 그 중에서도 상당공원의 분위기는 상당히 특이했다. 담배를 피우시는 할머니, 윷놀이를 하거나 낮잠을 자는 할아버지들까지, 99%가 60대 이상이신 듯했다. 아마도 할머니 할아버지들의 아지트인 듯했다. 청주는 도로가 직사각형 형태로 잘 짜여진 계획 도시여서 길 찾기가 편했다.

"잘 가고 여행 조심해서 해."

"하루 동안 거지 하나 먹여 살리느라 고생했어."

"그래. 아침부터 돼지껍데기 구워먹을 땐 할 말이 없었다. 아무튼 잘 가고. 이거 가지고 가면서 먹어."

친구는 초콜릿 바 5개를 가방에 넣어주었다. 친구와 인사를 하고 헤어져 천안을 향해 달리는 길. 달린 지 1시간이나 지났을까. 벌써 허기가 진다.

"하나만 먹고 갈까……?"

친구가 줬던 초콜릿 바를 하나 꺼내 베어 물었다. 집에선 쳐다보지도 않던 초콜릿 바건만, 왜 이렇게 맛있는 거야! 그렇게 하나씩 더 먹다 보니 앉은 자리에서 5개를 몽땅 먹어치워 버렸다. 이 주체할 수 없는 식욕, 정말 앞으로가 걱정이다.

자전거용 장갑

자전거용 장갑은 대부분 손바닥 부분에 쿠션이나 압축 스펀지가 들어있어 라이딩 시 손목의 피로를 덜어주고 그립과의 밀착감도 높여줍니다. 기본적으로 하계용 반장갑과 동계용 보온장갑으로 나뉘지요.

장갑을 끼는 이유는 기본적으로 손의 피로를 덜어준다는 목적이 크겠지만 궁극적으로는 손을 보호하기 위해서지요. 저가로 여행을 준비하려 했던 전 마지막까지 장갑을 살지 말지를 놓고 고민했었지요. 하지만 장거리 라이딩을 하며 몇 번 넘어져 보니 왜 필요한지 깨달았지요. 누구나 넘어질 때는 반사적으로 손을 바닥에 짚으니까요. 만약 장갑이 없었더라면 손목의 충격과 더불어 손바닥도 엉망이 되었겠죠?

시선의 차이

청주를 빠져나온 뒤 호두과자와 천안삼거리로 유명한 천안에 입성했다. 어느덧 여행을 한 지도 몇 주가 지났다. 처음 자전거여행을 시작했을 땐 오르막길이 그렇게 힘들더니 이젠 완전히 적응이 됐는지 어떤 길을 가더라도 여유가 있다. 여행을 마치고 집에 돌아올 즈음엔 식욕뿐 아니라 체력까지도 짐승이 되어 있겠는 걸?

여유롭게 달려 어느덧 천안의 독립기념관에 도착했다. 입장료는 다행히 무료여서 가벼운 맘으로 안으로 들어가려는 찰나, 관광버스가 8대 정도 보였다. 좀 더 들어가 보니 아니나 다를까, 수학여행을 왔는지 초등학생들이 아주 많았다.

'수학여행 시즌이구나.'

바글거리는 아이들 사이를 유유히 자전거로 비집고 나아갔다. 갑자기 자전거를 탄 산적의 등장에 아이들은 놀랐는지 순순히 양쪽으로 길을 터주었다. 마치 모세라도 된 듯한 기분이다.

그렇게 아이들을 헤치고 나가
저전거를 구석에 주차하는데

초등학생 3학년 정도 되어 보이는 귀여운 꼬마 아이가 서있었다.

'뭐야. 이 녀석. 내가 무섭지도 않나? 그건 그렇고, 아저씨라니!!!'

평소 친구들 사이에서의 내 별명은 '조폭'. 인상이 날카롭고 험악한 편이라 처음 보는 사람들은 다들 날 좀 무서워했다. 그런데도 이 꼬마 는 그런 기색이 전혀 없어서 신기한 마음도 들었다.

'역시 애들이구면. 무서운 게 없지.'

하지만 짐 때문에 태워줄 공간은 없었다.

"안 돼. 태워줄 데가 없잖아."

"태워주면 안 돼요?"

아이들을 썩 좋아하지 않는 나였지만 스스럼없이 다가와 태워달라고
하는 꼬마의 모습이 정말 귀여웠다. 한 번 태워줄까, 라는 생각도 들
었지만 자전거 짐받이는 패니어가 떨어지지 않도록 끈으로 칭칭 감아
묶어놓은 상태였다. 꼬마를 태우기 위해선 끈을 다시 풀어야 했기에
솔직히 좀 귀찮았다. 신경 쓰지 않고 그냥 가려 하는데, 꼬마는 거부
할 수 없는 눈빛으로 날 바라본다.

"재밌냐?"

"네. 재밌어요."

어쩔 수 없이 자전거에서 짐을 내리고 뒷좌석에 꼬마를 태운 뒤 기념
관 주변을 가볍게 한 바퀴 돌았다. 뒷좌석에 앉아 웃고 있는 꼬마. 별
것도 아닌데 이렇게 좋아하다니. 요새 아이들은 컴퓨터만 하느라 자
전거도 탈 줄 모르나? 그렇게 꼬마를 내려주고 이제 독립기념관 안으
로 들어가려는데,

그 뒤로 2명을 더 태워주게 되었다. 조금 귀찮기도 했지만 고작 자전
거를 태워주었을 뿐인데 해맑게 웃는 아이들의 모습을 보니 나 또한
덩달아 기분이 좋아졌다. 그때였다.

"뭐하시는 거예요?"

한 여자가 소리치며 성큼성큼 다가왔다. 아마도 담임선생님인 듯
했다.

"모여서 이동할 거니까 다들 집합해!"

그렇게 소리치며 마치 따귀라도 때릴 듯한 사나운 눈빛으로 날 바라
보았다. 그리곤 아래위로 내 차림새를 훑어보더니 얼른 아이들을 데
리고 가버렸다. 그때 나를 쳐다보는 그 눈빛을 아직도 잊을 수 없다.
의심이 담긴 눈빛. 순간 어이가 없었다. 물론 이해하지 못하는 건 아
니다. 누가 봐도 후줄근한 지금의 차림새, 거기에다 험악한 인상도 한
몫했겠지. 더구나 최근엔 아동 성범죄다 뭐다 해서 각종 범죄가 판을
치는 세상이니 낯선 사람을 쉽사리 믿지 못하는 게 당연한 건지도 모
르겠다.

아이들이 바라본 '나'와 여선생님이 바라본 '나'. 대체 어떤 차이가
있었을까?

마음의 빛

마침 물이 떨어져 눈앞에 보이는 은행에 물통을 채우러
들어갔다. 배가 고프니 물로라도 배를 채우자는 심보인
지 하루 3L 이상은 마셔대는 것 같다. 정수기 앞에서 물도
마음껏 마시고 물통도 가득 채운 뒤 휴식도 취할 겸 잠시 의자에 앉았
다. 돈을 뽑아 가거나 저금하는 사람들로 은행은 북새통을 이루고 있
다. 가만히 앉아 그런 풍경들을 보고 있던 중 은행 한구석에 있는 '장
애인 성금 모금함'이 마침 눈에 띄었다.

    '정말 장애인을 위해 쓰이는 걸까? 사악한 은행장이 자기 배 채우려
    고 꿀꺽하는 거 아냐?'

투명한 재질의 모금함 속엔 5백 원짜리 동전이 대부분이었기에 나도
가벼운 마음으로 얼마 전 진주에서 주웠던 5백 원을 꺼냈다. 사실 이
돈은 여행 초반 힘들었던 시련을 버틸 수 있게 해준, 내게 어느 정도
의미 있는 돈이었기에 집에 가져가 보관하려던 생각이었다. 하지만
의미 깊은 돈인 만큼 의미 있는 일에 쓰는 것도 괜찮은 일인 것 같아
모금함에 5백 원을 넣었다. 그리고 돌아서려는데 장애인 성금 모금함
이란 단어를 보니 갑자기 잊고 있던 중학생 때의 기억이 떠올랐다.

중학생 시절, 난 한창 월간 만화잡지를 사보는 맛에 푹 빠져 있었다. 용돈을 받으면 항상 서점으로 달려가 잡지를 사봤기에 방안 책꽂이에는 만화잡지가 가득 꽂혀 있었다. 그날도 용돈을 받아 서점으로 달려가는 길이었다. 잡지의 가격인 3천 5백 원이 내 주머니에 들어있었다. 그런데 마침 모금함을 들고 서점 앞을 지나던 세 명의 장애인이 눈에 띄었다. 저녁 무렵 추운 날씨에도 불편한 몸을 이끌고 모금을 하며 돌아다니는 그들을 본 순간 고민에 빠졌다.

'어떡하지. 그냥 모금할까? 아니면 잡지를 살까?'

잠시 고민했지만 결국 만화잡지의 달콤한 유혹을 뿌리치지 못하고 그들의 눈길을 무시한 채 서점으로 들어가 잡지를 사고 말았다. 서점을 나오며 다시 한 번 그들을 보며 어린 마음에도 왠지 미안한 마음이 들어 도망치듯 집으로 달려왔던 기억……

사실 이제껏 성금을 한 적은 거의 없었다. 그런데 왜 평소엔 기억도 안 나더니 한 푼이 아쉬운 지금 이 순간 그 기억이 떠오른 건지. 은행을 나오려는데 갑자기 떠오른 그때의 기억 때문인지 발걸음이 다소 무거워진 느낌이었다. 그 자리에 서서 잠시 고민한 뒤 결국 만 원을 꺼내들고 다시 모금함으로 다가갔다. 그리고 돈을 넣으려는 순간, 갑자기 정신이 번쩍 들어 손을 뺐다.

'내가 미쳤나. 이 돈이면 라면이 몇 개고, 빵이 몇 개인데. 내가 지금 기부할 상황이냐!'

얼른 뒤돌아 은행을 다시 나왔지만 자꾸 찝찝한 마음이 들어 다시 한 번 곰곰이 생각해보았다.

'만 원이 없다고 해서 내 여행에 큰 지장이 있을까? 지금까지도 무전으로 잘 해쳐 나왔는데. 여행 중 돈이 없어서 곤란했던 적이 있었나?'

물론 끼니를 제때 챙겨 먹지 못한 적이 많았다. 하지만 그 정도쯤이야 아무렴 어떠랴. 젊어 고생은 사서도 한다는데. 무전여행을 통해 더 많은 인연을 만날 수 있었던 걸 생각하면 전혀 아깝지 않다. 돈을 기부함으로써 난 더 즐거운 여행을 할 수 있고, 또 누군가를 도울 수도 있으니 일거양득이기도 하고! 여기까지 생각이 미치자 조금은 마음이 가벼워졌다. 더 이상 고민하지 않고 은행으로 다시 들어가 모금함에 돈을 넣고 나왔다.

하지만 왠지 아까운 마음이 드는 건 어쩔 수 없나 보다. 다시 돌아가 모금함을 뒤집어 돈을 빼내려고 한다면 사람들이 날 어떻게 쳐다볼까 하는 쓸데없는 망상도 떠오른다. 그래도 예전에 진 빚을 지금에서야 갚은 듯한 개운한 느낌도 들어 오늘 하루는 왠지 상쾌할 것 같은 기분이다.

여행 중이 아닌 일상생활이었다면 과연 기부를 했을까? 여행은 일상생활에서의 답답함을 날려주기도 하지만 나 같은 좀생이를 대인배(?)로 바꾸어주는 신비한 힘도 있는 것 같다.

가볍고도 무거운

'아, 어디로 가지?'

어느덧 천안을 벗어나 평택에 도착했다. 여기서 용인으로 갈지 대부도로 갈지를 두고 30분째 고민 중이었다. 애초의 계획은 용인으로 올라가 서울을 향해 갈 생각이었지만, 왠지 대부도는 이번에 가지 않으면 영영 갈 일이 없을 것 같은 느낌이 들었다.

'좋아. 대부도 낙찰!'

계획을 변경해 대부도에 가기로 했다. 홀로 떠나는 여행의 장점은 언제든 내가 원하는 대로 계획을 바꿀 수 있다는 점이다. 만약 동행이 있었다면 이런 자유를 누리긴 힘들었을 테지.

'휘이이이이잉-'

그런데 남양만의 화옹방조제를 지나 화성으로 들어가는데 바람이 장난 아니게 불었다. 방조제 주변이라서 바람을 막아줄 장애물은 아무것도 없었다. 급기야 페달을 밟지 않으면 자전거가 뒤로 밀릴 정도로 바람이 불기 시작했다. 대부도에 오기로 결정한 지 고작 1시간 만에 후회가 밀려왔다. 걷는 것과 다름없는 속도로 느릿느릿 전진해 봤지만 역시나 바람이 강해 영 앞으로 나아가질 않았다.

'으……. 제길. 괜히 바다 쪽으로 왔어. 이러다 날아가겠네.'

후회하며 달리던 그때 저 멀리 어렴풋이 사람의 형체가 보였다. 느릿 느릿 가까이 다가가 보니 확실히 사람이었다. 그런데 옆에 있는 커다 란 가방은 뭐지? 나이는 삼십대 중반쯤 되려나? 점점 다가갈수록 그 사람이 여행자라는 사실을 알 수 있었다.

그런데 뭔가 이상했다. 분명 처음 보는 사람임에도 어디서 본 듯한 익 숙한 느낌이었다. 어디서 본 적 있었던 사람인가? 누구더라, 누구…. 아!!!

"앗! 정원진씨 맞죠?"
"네. 맞아요. 반갑습니다."

이럴 수가! 이분으로 말하자면 일본 자전거 여행서를 쓰셨고, 한 자전 거 여행 TV 프로그램에도 나오셨던 분이다. 난 떠나기 전 그 TV 프 로를 10번 정도 돌려봤기 때문에 첫눈에 알아볼 수 있었다. 이런 유 명 인사를 만나게 되다니!

"와. 반가워요. 여행 중이신가 봐요?"

"네. 집이 서울이거든요. 오늘이 출발한 지 3일째에요."

"그렇군요. 근데 왜 자전거가 아니라 도보로 가세요?"

"이번엔 좀 걷고 싶어서요. 근데 벌써 발에 물집이 잡혀서 잠깐 쉬면서 발 좀 식히고 있었죠."

TV에서 봤던 사람을 내 눈앞에서 봐서 그럴까? 신기한 마음에 이것저것 물어보며 대화를 나누게 되었다.

"울산에 사시는군요. 3개월쯤 후에 걸어서 울산까지 도착할 것 같은데. 그때 만나면 소주나 한잔 할까요?"

"제가 술은 잘 못하지만 오시면 꼭 연락 주세요."

처음 만난 사이고 안 올지도 모르지만, 다시 볼 수 있었으면 좋겠단 생각을 하며 서로 연락처를 간단히 주고받은 뒤 헤어지게 되었다.

그 후 3개월 뒤, 약속대로 걸어서 울산에 있는 날 찾아온 형(이날 이후로 형이라 부르게 되었다.). 3개월간 무거운 가방을 메고 여행한 덕분인지 전에 봤을 때보다 더 그을리고 마른 모습이었다.

곧 떠날 일본 자전거여행에 대한 조언도 얻을 수 있었다.

그렇게 짧은 만남을 뒤로하고 형은 다시 길을 떠났다. 솔직히 올지 안 올지 반신반의했지만 잊지 않고 날 찾아와 준 형이 고마웠다.

'아차! 그러고 보니, 난 약속을 안 지켰잖아?'

갑자기 얼마 전 친구와 했던 약속이 떠올랐다. 여행을 떠나기 1주일 전 충남 홍성에 사는 친구와 전화통화를 했다.

"야. 나 이번에 너 보러 홍성 갈 거거든. 상다리 부러지게 차려놓고 기다리고 있어."

"그래. 얼마든지 와. 오랜만에 얼굴 한번 보자."

하지만 약속만 하고 결국 가지 않았다.

가볍게 던진 말 한 마디의 무게가 얼마나 무거운지 새삼 다시 한 번 깨닫는다.

당연하다 느끼는 것들에 대해

"아……. 배고파. 왜 이리 힘이 없지."

대부도의 이른 아침. 고픈 배를 움켜쥐고 페달을 밟고 있던 중이었다. 결국 우려했던 일이 벌어지고 말았다. 여행이 오래 지속되면서 나의 식욕은 마치 괴물처럼 왕성해졌다. 그 결과 이젠 일어나서 바로 무언가 먹지 않으면 도무지 힘이 나질 않는 지경이 되었다.

'엄마가 지금 내 모습을 보시면 무척 좋아하시겠군.'

집에 있을 땐 항상 하루에 1끼나 2끼를 먹었고 아침은 거의 먹지 않았으니까. 이 지경이 되다 보니 얼마 전 기부를 했던 일도 후회되기 시작했다. 그 당시의 성인군자 모드는 어느덧 사라지고 본능만 남아 이런 간사한 생각이나 하고 있다니. 어쨌든 살아남기 위해 앞으로 나아가긴 하지만 계속 허허벌판이 이어질 뿐, 민가나 식당은 전혀 보이지 않았다. 삭막한 풍경에 그나마 몸에 남아 있던 힘도 쭉쭉 빠져나가는 느낌이다. 그래도 어쩌겠는가. 일단 움직여야지. 그렇게 흐느적거리며 앞으로 나아가던 중, 내 눈에 무언가가 포착되었다.

봉지 안에는 아침 이슬을 맞아 흐물흐물해진 단팥빵 하나가 들어 있었다. 평소 같으면 길에 떨어진 음식은 거들떠보지도 않았겠지만 일단 잽싸게 빵 봉지를 집어들었다. 생긴 건 영 맛있어 보이진 않지만 다행히 밀봉이 잘 되어 있어서 모래도 들어가지 않은 상태.

　'먹어 볼까? 아니야. 아무리 그래도 바닥에 떨어진 걸……. 그래도
　괜찮아 보이긴 한데.'

빵 봉지를 들고 어떻게 할지 곰곰이 생각해봤다.

　'일단 유통기한부터 확인해볼까? 못 먹는 거라 버렸을 수도 있으
　니까.'

그러나 유통기한은 어디에도 적혀 있지 않았다. 일단 내 코를 믿어보기로 하고 빵 봉지를 열어 냄새를 맡아 보았다. 이내 그윽하고 향기로운 냄새가 식욕을 자극했다.

　'윽, 더 이상 못 참겠다. 내가 지금 이거저거 따질 상황이냐. 설마 죽
　기야 하겠어?'

이윽고 한 입 덥석 베어 물었다.

마,
맛있다~!!!

시장이 반찬이라더니 흐물흐물 맛도 없어 보이던 빵이 이제껏 먹어본 그 어떤 빵보다도 달콤하고 맛있게 느껴졌다. 그렇게 순식간에 빵 하나는 내 뱃속으로 사라졌다. 물론 겨우 빵 하나로 포만감이 느껴질 리는 없지만 그래도 몸에 어느 정도 생기가 도는 느낌이었다.

집에서 지낼 땐 기본 욕구인 식사와 잠자리로 걱정한 적이 없었다. 언제나 밥솥을 열면 밥이 있었고, 침대에 누우면 편하게 잘 수 있었다. 밥을 먹을 때의 고마움이나 편안한 잠자리에 누울 때의 안락함. 이 사실에 대해 항상 감사하는 마음을 가지는 사람은 드물 것이다. 그저 당연한 듯 부모님이 주신 돈으로 음식을 사먹고 옷을 살 테지. 나 역시 그랬으니까.

무전여행을 시작한 후론 3끼의 식사와 하루하루의 잠자리를 얻는 것, 이 기본적인 욕구 하나하나가 모두 도전하지 않으면 얻을 수 없는 것들이었다. 따뜻한 방에서 잘 수 있다는 사실이 이토록 고맙게 느껴진 적이 있었던가? 살아오면서 이처럼 밥 한 끼가 절실했던 적이 있었을까?

항상 남들보다 더 가지지 못한 것이 불평, 불만이었던 나였지만 지금은 무전여행을 통해 평소에 느끼지 못한 사소한 것, 이미 가진 것들에 대해 감사하는 마음을 배워나가고 있다.

Episode 41.

따뜻한 보리차 한 잔

대부도를 빠져나와 서울로 가기 위해 시화방조제로 향하던 중 갑자기 이상 신호가 찾아왔다. 자전거여행 중 난감한 문제가 바로 화장실이다. 소변이야 한적한 길가에서 볼 수 있지만 대변은 완전 시골이 아닌 이상 주변에 화장실이 없으면 마땅한 장소도 없는 게 사실이다. 도심지에서도 몇 번 신호가 온 적이 있었는데 그때마다 PC방이나 인근 주유소 화장실에 들어가 볼일을 보곤 했었다.

다행히 이곳은 인적이 드문 곳이지만 마땅한 장소는 보이지 않았다. 어쩔 수 없이 좀 더 가보니 갈대숲이 나와 아쉬운 데로 적당한 장소를 골라 화장지를 들고 뛰었다. 이윽고 신속하게 바지를 내리고 시원하게 볼 일을 보며 대자연 속에서 아침의 상쾌함을 느끼는 찰나, 이게 웬일? 교복을 입은 남자 아이 한 명이 이쪽으로 오는 게 아닌가!

발각되지 않기 위해 갈대밭 깊숙이 고개를 숙여 은폐작전을 펴기로 했다. 한동안 숨죽인 채 가만히 앉아 학생이 지나가길 기다렸다. 그렇게 1분 정도 지났을까? 이쯤이면 갔겠지 싶어 고개를 들어보니, 가까운 거리에서 휴대폰으로 내 사진을 찍고 있는 학생의 모습이 보였다. 민망함과 수치심, 그리고 분노가 동시에 피어올라 손으로 얼굴을 가린 후 소리쳤다.

　"야! 뭐 하는 거야!!"

학생은 내가 소리치자 당황한 기색도 없이 얼른 사진 찍기를 중단하고 도망가기 시작했다.

'뭐야? 저 자식은! 제길, 잡으러 갈 수도 없고.'

일단 잡아서 사진을 삭제해야겠단 생각이 들어 대충 정리해 보려 했지만 도중 끊는다는 게 생각만큼 쉽지가 않았다. 더구나 그새 어디로 내뺐는지 학생의 모습은 보이지도 않았다.

'설마 인터넷에 올리진 않겠지? 그럼 끝장인데……. 하긴 이런 탁 트인 장소에서 볼 일을 본 내 잘못도 있으니 어쩔 수 없지.'

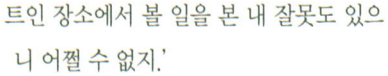

인터넷에 올리지 않길 간절히 기도하며 다시 시화방조제로 향했다.

11.2km에 달하는 시화방조제는 자전거 전용 도로가 아주 잘 닦여 있어 그야말로 라이딩하기엔 최적의 장소였다. 양쪽으론 넓은 바다가 펼쳐져 있어 시원한 바닷바람을 맞으며 달리는 기분은 그야말로 최고였다. 더불어 아까의 일도 서서히 잊혀지는 듯했다.

자전거여행을 하며 느낀 것은 우리나라의 자전거도로는 그야말로 최악 그 자체라는 것이다. 자전거도로라고 만들어져 있는 곳을 달리다 보면 도로가 끝나는 지점과 시작되는 지점이 높은 턱으로 연결되어 있거나 중간 중간 끊겨 있는 곳이 많았다. 또한 자동차 전용 주차장으로 변해 있어 도저히 지나갈 틈이 없는 곳도 있었다.

이런 잘 닦인 자전거도로를 보는 건 여행한 이래 처음이었기에 기어를 최대로 올린 후 신나게 페달을 밟기 시작했다. 평지였지만 속도는 이내 30km로 올라갔다. 그런데 그때, 갑자기 숲 속에서 무언가가 튀어나왔다. 그 녀석은 내 앞바퀴를 치일락말락 아슬아슬하게 지나갔다. 다행히 부딪히지는 않았지만 갑작스런 사태에 적응하지 못한 난 브레이크를 잡지도 못하고 균형을 잃고 아스팔트에 고꾸라지고 말았다. 이제 나름 넘어지는 데는 도가 텄기 때문에 요령껏 잘 넘어져 운 좋게도 다치진 않았다. 무언가의 정체는 바로 고양이였다.

여행 중 자주 보게 되는 것 중 하나가 바로 동물들의 시체이다. 나 역시 길바닥 한쪽에 나뒹구는 동물들(개와 고양이, 너구리, 다람쥐 등)의 다양한 시체를 봤다. 만약 고양이를 치였다면 더 이상 여행을 하지 못했을지도 모른다. 시체를 만드는 데 일조하지 않은 사실이 천만다행으로 느껴졌다. 이윽고 시화방조제를 빠져나와 시흥으로 가는 길.

'빠아아아아아앙'

뒤돌아보니 대형트럭이 경적을 울리며 돌진 중이다. 대형트럭은 그 상태로 빠르게 내 옆을 지나가며 모래먼지를 일으켰다. 갑작스런 먼지와 바람이 뒤섞이는가 싶더니 갑자기 자전거가 휘청거리다가 또 구석으로 넘어지고 말았다. 이쯤 되니 둔한 나도 불길한 기분이 들었다.

'오늘 일진이 안 좋은데? 순결을 잃지 않나. 하루에 한 번 넘어지기도 힘든데 두 번이나 넘어지고.'

두 차례 넘어진 여파로 인해 옷은 흙먼지투성이가 되었다. 왠지 기분마저 한풀 꺾이고 지칠 대로 지친 느낌이었다.

'오늘은 그만 달릴까? 더 갔다간 무슨 일이 일어날지 모르겠네.'

지친 몸을 이끌고 도심지의 한 정자에 앉아 잠시 쉬어가기로 했다. 아까 넘어진 탓인지 여기저기가 쑤셔왔다. 한숨 돌리며 몸을 주무르고 있는데 옆에 앉아 계시던 할머니들 중 한 분이 내게 말을 건넸다.

"보리차 한 잔 마실래요?"

"저야 주시면 감사하죠."

"여행하나 봐요?"

"자전거로 여행 중이에요."

"재밌겠네. 우리 손자도 그런 거 한번 하면 좋겠는데, 만날 컴퓨터만 하고 있어서 걱정이야."

그렇게 말문이 트여 할머니와 이런저런 얘기를 하다 보니 오늘 있었던 얘기도 자연스레 하게 되었다.

"차는 항상 조심해야지. 그래도 크게 안 다쳐서 천만다행이네."

오늘 하루 여러 가지 힘든 일도 많았지만 할머니께서 건네주신 보리차 한 잔에 몸과 마음이 따뜻해지는 느낌이었다.

서울과 시골

시흥과 안양을 지나 서울에 오자마자 바로 한 건 터트리고 말았다. 신나게 달리던 중 골목길에서 갑자기 튀어나온 트럭을 미처 피하지 못한 것이다. 순간 나도 모르게 자전거를 버리고 폴짝 뛰어내렸다. 날다람쥐 같은 재빠른 대처로 다친 곳은 없었지만 차가 많은 도심지인 만큼 좀 더 주의해서 달릴 필요가 있었다.

'헥…. 헥…. 까딱 잘못하다 죽을 뻔했네.'

자전거를 살펴보니 약간 흠집이 나 있었다. 어휴, 나같이 착한 녀석이라 다행이지. 만약 사악한 놈이었다면 길바닥에 드러누웠거나 운전자와 크게 한판 붙어 한몫 거하게 챙겼을 것이다. 아저씨, 나 같은 성인군자를 만난 걸 행운으로 알라고요!

서울에 온 목적은 세 가지가 있다. 첫째는 서울로 이사 간 뒤 한 번도가 본 적이 없었던 누나 집을 방문하기 위함이다. 두 번째는 여행의 중반을 넘어선 지금, 체력 보충 및 재정비를 위해서이다.

사실 속옷도 어느덧 한 장밖에 남지 않아 보충이 필요한 시점이었다. 처음 집을 나올 당시 세 장의 팬티를 준비해갔건만 여행하는 도중 한 장씩 찢어지더니 지금은 모두 찢어졌다. 다행히 바느질 도구를 챙겨

와 꿰매며 갈아입곤 했지만 사실 이미 다 헐어버려 꿰매 입을 단계는 지난 상태였다. 아마 안장에 앉아 있는 시간이 많고 엉덩이에 땀이 찬 상태에서 격하게 움직이니 더 빨리 헤진 듯했다. 왜 패드가 달린 자전 거 전용 바지를 입는지 몸소 체험해보니 확실히 알 것 같았다. 마지막 세 번째 이유는 단순히 '서울 관광'이다. 서울 시민들은 이상하게 느 낄지 모르겠지만 지방에 살면서 서울에 거의 와 본 적이 없는 나로선 서울은 동경의 대상이기도 했다.

누나가 살고 있는 동선동으로 가기 위해 페달을 밟고 있는데 꾸물꾸 물했던 하늘에서 차츰 빗방울이 떨어지더니 결국 비가 쏟아졌다. 한 건물 안으로 들어가 잠시 비를 피하기로 했다.

자전거여행 중 가장 번거로운 것 중 하나가 바로 비다. 비가 오면 항 상 선택은 두 가지 중 하나였다. 잠시 멈춰 비를 피하거나 홀딱 젖으 며 달리거나. 비가 내리지만 일단은 정비가 목적이기도 했고 어차피 빨래를 하려고 했기에 이내 달리기로 결정했다. 그래도 일단 짐이 젖 는 것은 막아야 했기에 인근 가게에서 비닐을 구할 겸 발걸음을 옮겼 다. 가까운 돼지국밥집의 문을 열고 들어가 보니 안에는 50대 정도의 아저씨께서 카운터에 앉아 계셨다.

> "안녕하세요. 아저씨. 전 무전여행 중인 학생인데요. 비가 와서 짐
> 좀 싸려고 그러거든요. 비닐봉지 좀 얻을 수 있을까요?"

그런데 아저씨의 나를 보는 눈빛. 그런 눈빛은 이제껏 여행을 하며 많 이 느껴봤기 때문에 보자마자 아저씨의 마음을 읽을 수 있었다. 아저 씨께는 내 행색을 아래위로 훑더니,

"그런 거 없으니까 시간낭비 하지 말고 딴 데 가서 알아봐."

라면서 가게 밖으로 나를 밀쳐냈다. 기분이 나쁘기도 했지만 황당함이 더 컸다. 이제까지 여행을 하며 비가 오면 항상 아무 가게나 들어가 봉지를 얻어 짐을 감싸곤 했다. 그랬기에 봉지 정도는 어딜 가더라도 그냥 손쉽게 얻을 수 있다고 생각했었는데……. 어느덧 빗줄기는 점점 더 굵어지고 있었다. 한 번 더 시도하기로 하고 바로 옆에 있는 음식점에 들어갔다. 주인 아주머니께 말해보았으나 아까와 마찬가지로 거절당했다. 더구나 눈에 보이는 곳에 봉지가 있었는데도 없다고 손 사례 치며 쫓아내셨다. 그래도 포기할쏘냐. 마지막으로 한 번 더 시도를 해본다.

"몇 장 필요하세요?"
"네. 3장 정도만 있으면 될 거 같아요."
"천 원이에요."
"네?"
"3장에 천 원이라고요."
"……."

결국 한 건물에 들어가 비가 잦아들 때까지 기다렸다. 무언가를 공짜로 얻는다는 게 쉬운 일이 아니란 건 여행을 하며 느껴왔던 바지만 이렇게 계속 거절만 당하니 풀이 죽었다. 언제나 도심지와 시골은 별 차이가 없다고 생각했다. 장소보단 누굴 만나느냐에 따른 차이가 있을 뿐이라고 항상 생각해왔건만, 그런 내 생각이 완전히 틀린 것 같은 느낌이 들어 약간 허탈해졌다.

우비

일반적으로 비를 맞으며 자전거를 타는 건 별로 추천하고 싶지 않습니다. 위험하기도 하거니와 체온이 떨어지기 때문에 건강에도 좋지 않으니까요. 하지만 예상치 못한 소나기가 올 때도 있고 비를 피할 마땅한 장소가 없을 경우도 있습니다.

제 경험상 코트형 우비는 다리가 비에 쉽게 노출되고 내부에 습기가 차 눅눅해지는 단점이 있었습니다. 그에 반해 판초형 우비는 자전거의 앞뒤와 몸 전체를 다 감쌀 수 있고, 입는다기보다 덮는 방식이기 때문에 습기도 덜 차 편리하더군요. 하지만 우비가 비를 막아준다 해도 어느 정도 오래 달리다 보면 젖는 건 마찬가지랍니다. 우비는 굳이 비를 막기 위해서라기보단 체온 손실을 방지하기 위한 용도 정도로 생각하고 사용하기 바랍니다.

들어올 때 다르고
나올 때 다르다?

원래 계획은 서울 누나네서 일주일 정도 푹 쉬며 자전거로 이곳저곳을 둘러볼 참이었지만 왠지 몸이 근질근질해 참을 수가 없어 이틀 만에 다시 짐을 꾸리고 남양주로 왔다. 남

양주로 온 이유는 바로 '피아노 폭포'를 보기 위해서였다. 피아노 폭포에 대해서는 아무런 사전 정보도 없었다. 어떻게 생겼기에 피아노란 이름이 붙었을까? 내 눈으로 직접 확인해 보고 싶었다. 폭포로 가는 길은 북한강과 맞닿아 있어 강을 거슬러 천천히 올라가다 보니 어느덧 금세 도착했다.

폭포는 이름 그대로 피아노를 떠올리게 했다. 마치 피아노 건반처럼 폭포의 중간 중간이 계단식으로 형성되어 있는 재밌는 모양이다.

　'어떻게 폭포가 직각이 되도록 형성될 수 있는 거지?'

신기하고 궁금하기도 했지만 다른 관광객은 아무도 보이지 않았기에 묻지도 못하고 떨어지는 폭포만 멍하니 바라보았다. 폭포의 낙차도 꽤 높았기에 떨어지는 물소리 역시 시원하고 웅장했다. 피아노를 콘

셉트로 잡아서 그런지 옆에 있는 화장실 건물도 피아노 모양으로 설계되어 있고 화장실로 올라가는 계단은 밟으면 각각 다른 소리가 나는 피아노 건반모양으로 만들어져 있었다.

'나름 괜찮은 선택이었어.'

어느 정도 만족을 느낀 후 자전거를 끌고나가려는데, 한 팻말이 내 눈에 띄었다.

엥?

피아노 폭포
(인공폭포)

인공물이었던 거야?
-ㅅ-;;

갑자기 실망감이 밀려들었다. 여태껏 자연물인 줄 알고 신기하고 아름답다고 생각했건만 인공물이라니, 그 배신감이란! 그 문구를 보는 순간 아름답다는 생각은 이미 내 머릿속에서 사라진 지 오래였다. 자연을 억지로 가공해 관광 상품화하다니. 있는 그대로가 아닌 가공된 인공물이었단 사실을 알자 왠지 사기당한 느낌마저 들었다. 누가 속인 것도 아니고 혼자 착각해 북치고 장구 친 것뿐이지만 말이다. 일말의 미련 없이 자전거를 타고 발길을 돌려 그곳을 빠져나왔다.

그렇게 북한강을 따라 내려가는 길, 문득 이런 생각이 들었다.

　'만약 내가 인공폭포란 팻말을 보지 못했다면 어땠을까?'

여전히 피아노 폭포는 아름다운 폭포로 내 기억 한편에 오래도록 남아 있었을 것이다.

　'풋.'

갑자기 원효대사의 해골 물 일화가 떠올라 나도 모르게 웃음이 나왔다.

잠 못 드는 밤

"내가 배달만 안 밀렸으면 양수까지 태워줬을 텐데. 또 인연이 되면
우리 집에서 자고 가도 좋고!"

북한강을 따라 양평으로 내려가는 길, 양평으로 가기 위해선 조금 전
피아노 폭포로 왔던 길을 그대로 되돌아가야만 했다. 별다른 경치도
없는 일반 국도였기에 똑같은 길을 10km 정도 다시 가려니 살짝 지
루함이 느껴졌다.

'오랜만에 히치하이킹을 해볼까?'

하지만 마음먹은 대로 쉽게 히치하이킹이 되는 건 아니다. 좋아, 한
번만 해보고 안 되면 그냥 가자. 마음을 비우고 마침 오는 트럭을 향
해 손을 흔들었는데, 운 좋게도 한 방에 성공했다. 잽싸게 짐칸에 자
전거를 싣고 조수석에 올라탔다.

"내가 역마살이 끼어서 20년 동안 관광버스 기사로 전국 방방곡곡
안 가본 데가 없지. 그러다 지금은 정년퇴임하고 얼마 전부터 철물
점을 하고 있어."

그렇게 만난 아저씨의 차 안에는 마침 배달 가시는 길이셨는지 여러
철물도구가 가득 실려 있었다. 아저씨께서는 가는 동안 재밌는 얘기

도 많이 해주셨는데 보면 볼수록 왠지 만화에서 튀어나온 듯한 느낌
이랄까? 동글동글한 얼굴에 챙 모자를 뒤집어쓰시고 바지도 힙합스
타일로 끌어내려 입으셨다. 거기다 코 옆에 있는 복점까지. 말씀도 어
찌나 재밌게 하시는지 가는 내내 웃음이 터져 나왔다.

"우리 딸이 프랑스 여행 간다고 지금 과외를 세 개나 뛰고 있거든.
내가 '너 미쳤구나!' 그랬지."

"왜요? 요즘 애들 다 부모한테 돈 받아서 가려고 하는데 그 정도면
정신 제대로 박힌 것 같은데요."

"그게 아니라, 우리나라에도 아름답고 좋은 곳이 얼마나 많은데 겉
멋만 잔뜩 들어 해외여행 가려는 것 같아 그러지. 물론 프랑스도 가
면 좋기야 하겠지만 먼저 우리 것이 얼마나 아름다운지 알아야 남
의 것도 제대로 볼 수 있다는 게 내 생각이야. 그런 면에서 자넨 내
마음에 들었어. 아까 도로에서 손 흔들 때 딱 느낌이 왔거든."

신나게 대화하다 보니 어느덧 금세 갈림길에 도착했다. 짧은 시간이
었지만 아저씨와의 대화가 즐거워서였는지 헤어지기 아쉬운 마음이
들었다. 하지만 만나면 헤어지는 게 여행의 불문율 아니겠는가. 인연
이 닿는다면 언젠간 다시 만날 수 있겠지. 아저씨와 작별하고 양평으
로 가던 중 '두물머리' 라는 곳에 도착했다. 두물머리는 북한강과 남
한강이 합쳐지는 곳이며 아침 물안개가 아름답기로 유명한 곳이다.
그렇지만 날씨가 흐리고 곧 비가 쏟아질 것만 같은 날씨라 간단하게
스케치만 한 후 다시 페달을 밟았다.

4/19 얼.

그렇게 남한강 줄기를 따라 계속 달리다 보니 어느덧 저녁이 되었다. 내일은 왠지 100% 비가 올 것 같아 지붕이 있는 야영장소를 찾아야만 했다. 하지만 황량한 국도변에 보이는 것이라곤 오로지 논과 밭뿐이었다. 날은 점점 어두워져 한시라도 빨리 잘 곳을 찾지 않으면 안 되는 상황이었다.

조급한 맘에 속도를 내어 달리다 보니 다행히 민가 한 채가 보였다. 집 옆에는 지붕이 있는 창고도 있어 그곳에서 야영을 할 수 있을 것 같았다. 더 이상 달려 봐도 집은 안 나올 것 같은 분위기였으므로 집 주인 아저씨께 허락을 받으러 집 쪽으로 갔다.

"멍! 멍멍!! 으르렁!!"

갑자기 개 짖는 소리에 깜짝 놀라 뒤로 물러났다. 물론 시골에 집 지키는 개가 한 마리쯤 있는 건 당연한 일이다. 이내 진정하고 다시 집 안쪽으로 걸어갔다. 하지만 들어갈수록 개 짖는 소리는 이상하게도 돌림노래처럼 들리기 시작했다. 알고 보니 한 마리가 아니라 집 안쪽에 네 마리가 더 있었던 것이다. 하지만 어쩌랴. 선택의 여지가 없는걸. 주인 아저씨께서는 탐탁지 않은 눈빛으로 날 보시곤 한참 생각하시더니 어렵사리 허락해 주셨다. 다행히 지붕 있는 창고에 텐트를 칠수 있게 되어 곧바로 텐트를 치고 잠자리에 누웠다. 이로써 물에 빠진 생쥐 꼴을 면할 순 있었지만 밤새도록 잠은 한숨도 잘 수 없었다.

제발 날
자게
내버려 둬~!

그리고 다음날, 다크서클이 어깨까지 내려간 모습으로 텐트에서 나오니 나와 같은 몰골을 한 주인 아저씨께서 마당을 쓸고 계셨다. 서로 얼굴을 확인한 우리는 누가 먼저랄 것도 없이 웃음을 터트렸다.

트레일러

자전거여행 시 패니어를 사용하는 사람이 많지만 트레일러를 사용하여 여행하는 사람도 점점 늘고 있는 추세지요.

트레일러는 패니어처럼 자전거 자체에 짐을 적재하지 않고 자전거 프레임에 연결하는 방식입니다. 때문에 자전거에 부담이 덜 가지요(패니어를 사용했던 전 바퀴가 자꾸 쿨렁거려 확인해보니 휠이 휘어져 있었거든요.). 또한 트레일러는 많은 양의 짐을 적재할 수 있고 코너링 시 패니어에 비해 안정적인 장점이 있습니다.

단점은 바퀴가 증가함에 따른 마찰력, 트레일러 자체의 무게 등이 더해져 패니어에 비해 무거운 편이며 가격 또한 비싸다는 것입니다.

울릉도의 희망

아무리 무전여행이라고 해도 돈이 한 푼도 없이 다닐 순 없다. 배를 타게 될 경우 뱃삯이 필요했고 관광지에 들어가기 위해선 입장료를 내야했기 때문이다. 그러나 신기하게도 여행의 중반을 지난 지금, 처음 집을 나왔을 때와 비교해 수중의 돈이 별 차이가 없었다.

중간 중간 만나는 분들이 내게 종종 돈을 쥐어 주시곤 했으니까. 거기다 밥을 사먹은 적도 없고 잠자리 역시 마을회관에서 신세를 지거나 야영을 했으니 돈을 쓴 경우는 오직 관광지 입장료뿐이었다. 하지만 다니다보면 그마저도 내 행색 덕분인지 깎아주는 경우가 많았기에 거의 쓸 일이 없었다. 돌이켜보면 난 정말 운이 좋았던 것 같다. 마치 나만의 수호천사가 보이지 않는 곳에서 항상 지켜주고 있는 느낌이랄까?

여주를 향해 달리며 다음 목적지를 생각해보았다. 기왕이면 대부도나 제부도처럼 나중에 가기 힘들만한 곳에 가고 싶다. 어디가 좋을까? 오랜 시간 고민한 끝에 울릉도에 가보기로 했다.

하지만 뱃삯에 관한 정보를 알아보던 중 울릉도에 가려면 왕복 10만 원 정도가 필요하단 사실을 알게 됐다. 어디서 10만 원을 벌 수 있을까? 다시 고민에 빠졌다. 10만 원이면 지금 내겐 엄청나게 큰돈인데. 수만 가지 생각이 들었지만 결국 한 번도 가보지 못한 미지의 땅을 밟아보고 싶다는 호기심에 못 이겨 울릉도 행을 확정했다. 그나저나 어디서 어떻게 돈을 벌어야 할까? 고민을 하며 여주에 도착해 처음 찾아간 곳은 명성황후 생가였다.

명성황후 생가는 명성황후가 8살 때까지 살던 집으로 1996년에 복원되어 현재의 모습을 갖추게 되었다고 한다. 관람료도 무료라 차근차근 안을 둘러보았다. 그러던 중 만나게 된 한 할머니. 눈이 마주치자 먼저 인사를 드리고 잠시 얘기를 나누었는데 알고 보니 할머니께서는 명성황후 생가를 해설해주시는 안내원이셨다.

"무전여행 중이라고? 그럼 밥은 어떻게 먹니?"

"그냥 여기저기 들이대서 얻어먹고 다니죠. 하하."

"그럼 잘됐네. 점심은 우리 직원식당에서 한 끼 먹고 가."

그렇게 직원식당에서 밥을 얻어먹게 되었다. 오랜만에 먹어보는 조기가 있어서인지 식당에서 먹은 밥은 그야말로 꿀맛이었다. 식사를 마친 후 나도 무언가 보답해드리고 싶었다.

'그런데 뭘 해드리지? 아무것도 가진 것 없는 내가. 뭐가 있으려나.'

그때 떠오른 생각! 그래, 그거면 되겠네!

"어머님. 제가 그림을 좀 배웠거든요. 부족한 실력이지만 초상화 한
장 그려드리고 싶은데 어떠세요?"

"아. 학생 그림 그리는 사람이구나? 나야 고맙지."

그렇게 안내원 할머니의 초상화를 그려드리게 되었다. 고마운 분께
선물로 드리는 것이기에 1시간 동안 최선을 다해 그렸다. 그러던 중
에 다른 분들이 더 오셔서 초상화를 부탁하셨고, 결국 안내원 할머니
를 비롯해 다른 직원 할머니들까지 총 네 장의 초상화를 그려드렸다.

만약 비슷한 연배의 사람들이 그려달라고 부탁했다면 빨리빨리 대충
그렸을 것이다. 하지만 이분들은 나에게 한 끼 식사를 대접해주신 고
마운 분들이다. 그렇기에 장작 4시간 동안 쉬지 않고 정성을 다해 그
렸다. 물론 다 그린 후엔 마라톤 풀코스를 완주한 듯한 피로감이 몰려
와 의자에 늘어지고 말았지만. 그렇게 잠시 휴식을 취하는데, 갑자기
안내원 할머니께서 그림이 마음에 드신다며 돈을 불쑥 내미시는 게
아닌가!

"자. 가면서 음료수라도 사먹어."

"아니에요. 이러려고 그려 드린 게 아니에요."

"알아. 그림도 그려 주고 내가 고마워서 주는 거야. 그냥 가벼운 마
음으로 넣어둬."

몇 번 거절하다 계속 그러는 것도 예의에 어긋나기에 일단 받기로 했다.

"그럼 감사히 받을게요. 제가 울릉도에 가려고 했는데 이 돈은 뱃삯
에 보태도록 할게요."

그런데 이게 웬일인가. 뒤이어 그림을 그려드린 다른 직원 할머니 분
들까지 내게 오셔서 파릇파릇한 배춧잎을 한 장씩 쥐어 주셨다. 어느
새 내겐 거금 3만 원이 쥐어져 있었다.

젊게 사는 법

명성황후 생가를 나와 신륵사로 향했다. 원래 계획에 있었던 건 아니었지만 명성황후 생가에서 우연히 만난 아저씨께서 여주에 왔으면 신륵사, 세종대왕릉, 명성황후 생가는 꼭 들러봐야 한다고 하셨기 때문이다. 그 지역에 대해선 역시 그 지방 사람이 제일 잘 알겠지? 아저씨의 말씀을 따르기로 결정했다.

이윽고 신륵사에 도착했다. 절은 입장료가 없을 줄 알았건만 그런 내생각과는 달리 입장료가 있어 순간 당황했다. 하지만 6시가 넘어서인지 매표소 아저씨께서 퇴근하시는 것이 보였다. 그래서 잠시 기다렸다가 무료로 들어갈 수 있었다. 역시 난 행운아?

신륵사는 삼국시대 무렵 원효가 창건하였다고 전해지고 있지만 그를 뒷받침 하는 확실한 고증은 없다고 한다. 그리고 보물이 7개나 있고 600백 년 이상의 보호수들이 곳곳에 심어져 있어 보존 가치가 높다.

그렇게 이곳저곳을 둘러보던 중 내 눈을 사로잡는 곳이 있었으니, 그곳은 바로 강월헌이다. 얼마 전 드라마 『추노』를 보며 전경이 아름다운 곳이 나와 유심히 살펴봤었는데 이곳이 TV에서 봤던 그 장소와 왠지 비슷한 느낌이 들었다. 주변 분들에게 여쭤보니 역시나 이곳에서 촬영된 것이 맞았다.

신기한 마음에 조금 더 가까이 다가가 보았다. 마침 4대강 사업을 진행 중인지 강 너머 곳곳에 흙을 파내고 있는 여러 대의 굴착기가 눈에 띄었다. 하지만 그 풍경은 강월헌과 대비되어 왠지 부자연스러워 보였다. 4대강 사업은 어떤 결과를 가져올까?

이내 어두워지기 시작했기에 다시 발걸음을 옮겼다. 오늘은 어디서 잘까? 잘 곳을 찾아 여주 시내를 빠져나가기 위해 신호등을 기다리고 있었다.

"어? 아직 안 갔어?"

우연히 낮에 관광지에서 만났던 할머니들 중 한 분을 길거리에서 다시 만나게 되었다. 옆에는 조그마한 꼬마가 할머니의 손을 잡고 있었는데 아마도 손자인 듯했다. 같이 장보고 오시는 길인가?

"어라, 어머니! 또 만났네요?"

"내가 이 근처에 살거든. 근데 아직 안가고 여기서 뭐해?"

"잠깐 길을 잃었거든요."

"그래? 음……. 그럼 그냥 우리 집에서 자고 내일 가. 어차피 밤도
깊었는데."

"하하. 그럼 그럴까요?"

그런데 뭔가 이상한 눈초리가 느껴져 아래를 보니,

할머니의 손자는 내가 신기한지 말똥말똥한 눈으로 날 바라보고 있
었다.

'뭐지? 저 초롱초롱한 눈망울은?'

어찌됐든 초상화를 그려드린 인연으로 오늘 밤은 할머니 댁에서 편히
잘 수 있게 되었다. 이내 방에서 쉬고 있는데 꼬마가 내가 있는 방으
로 찾아왔다.

날 신기하게 바라보던 꼬마는 이윽고 이것저것 물어보기 시작했다. 마침 나도 심심하던 차였기에 꼬마에게 떠나게 된 계기나 여행을 하며 있었던 일들에 대해 간략하게 이야기해 주었다. 꼬마도 내 얘기에 흥미를 느꼈는지 눈을 반짝이며 재밌게 들어주었다. 그 모습이 참 귀엽고 해맑아 보였다. 그렇게 얘기가 길어지던 중 꼬마는 침대맡에 있던 장난감 로봇을 들고 왔다.

"형. 이 로봇 누가 선물해 줬게?"
"글쎄? 할아버지?"
"아니."
"할머니?"
"땡~."
"아. 그럼 아빠가 사줬구나?"
"아닌데."
"그, 그럼……. 엄마?"
"딩동댕!"
"그렇구나."

'엄마라는 단어. 꼬마 앞에선 꺼내지 않으려 했건만……'

그 이유는 집에 들어온 순간 꼬마의 부모님이 함께 살고 있지 않단 걸 어느 정도 파악했기 때문이었다.

"이거 엄마가 떠나기 전에 마지막으로 사준 장난감이야. 그래서 다리도 부서지고 여기저기 망가졌지만 난 절대 안 버릴 거야."

꼬마의 머리를 쓰다듬었다. 난 꼬마에게 무슨 말을 해줘야 할까? 이 순간 철없어 보이던 초등학생 꼬마가 왠지 나보다 더 어른인 것처럼 느껴졌다.

"그래. 버리지 말고 소중히 간직하렴."

다음날 아침. 다시 길을 떠나며 마음속으로 조용히 빌었다. 꼬마가 언제나 밝고 건강하게 자라길……. 다시 발걸음을 돌려 이번엔 세종대왕릉에 가보기로 했다. 그러던 중 길을 건너기 위해 신호를 기다리는데 우연히 한 할머니를 만나게 되었다.

정장차림의 깔끔한 옷매무새, 왠지 범상치 않은 기운이 느껴졌다. 이 할머니랑 대화해 보면 왠지 재밌는 이야기를 들을 수 있을 것 같은 느낌이랄까? 그렇게 할머니께 밥을 얻어먹으며 대화를 나누게 되었다.

"나도 우리나라나 타국으로 여행을 많이 다녔어. 중동과 유럽, 남미 등등 안 가본 데가 없었지. 물론 이제 나도 나이가 70이라 차를 타고 다니긴 하지만 말이야. 사람은 언제나 꿈을 갖고 살아야 해. 내가 이 나이에도 이렇게 기운이 넘치는 건 언제나 꿈을 갖고 살기 때문이지. 내 마지막 꿈은 우리나라 도보 일주야. 물론 나이가 나이인지라 힘들기도 하겠지만 몇 년이 걸리더라도 천천히 해볼 거야."

할머니의 말씀에 공감이 갔다. 가끔 TV를 보면 나이에 비해 10년은 젊어 보이는 할아버지, 할머니들이 나오곤 한다. 그런 분들의 인생사를 들여다보면 항상 목표와 주관이 뚜렷하며 열정적으로 사는 분들이었다. 꿈은 사람을 더 젊고 활기차게 하는 힘이 있는 것 같다.

"잘 먹었습니다."

"그래. 무사히 여행 잘하고. 그리고 이거 받아."

할머니께서는 내게 만 원짜리 2장을 건네셨다.

"아니에요. 밥도 얻어먹었는걸요. 충분해요."

"얼른 넣어둬. 안 받을 생각 말고. 너도 나중에 50살 넘고 나이 들면 베풀며 살아. 그럼 되는 거야."

돼지꿈을 꾼 것도 아니건만 최근 들어 이런 일이 이상하리만큼 잦은 느낌이다. 그렇게 해서 여주에서만 총 5만 원이 생겼다.

Episode 47.

첫인상

첫인상은 그 사람의 이미지에 큰 영향을 미친다. 그런데도 첫인상을 결정짓는 데 걸리는 시간은 고작 3초라고 한다. 3초 만에 그 사람에 대한 좋고 나쁨이 결정되다니.

사실 난 첫인상 따위 믿지 않는다. 그 이유는 내 첫인상이 썩 좋지 않기 때문이기도 하다. 어딜 가나 인상 좋단 소릴 그다지 듣지 못했으니까. 간혹 가다 평범하단 소릴 듣는 경우도 있었지만 대부분 조폭 같다, 장난치면 한 대 맞을 줄 알았다 등의 말을 많이 들었다. 현실을 부정할 생각은 없지만 그런 말을 들을 때마다 씁쓸한 게 사실이다. 나의 첫인상은 무전여행을 하는 데 있어 분명 득 보단 실이 더 많을 테지. 친구들 역시 떠나기 전 내게 그런 충고를 했었다.

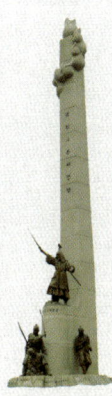

경기도를 넘어 다시 충청북도에 입성하였다. 날씨가 좋지 않은 게 금방이라도 비가 쏟아질 것 같은 느낌이다. 일단 충주로 향한 뒤 충북과 강원도를 가로질러 동해에 가기로 결정했다.

충주에 와서 제일 먼저 가본 곳은 탄금대이다. 우륵이 이곳에서 가야금을 연주해 이름 붙여진 탄금대는 임진왜란 당시 신립장군이 배수진을 치고 적과 맞서 싸운 곳으로도 유명하다. 탄금대로 향하는 길은 공원형태로 조

성되어 있었고 안에는 여러 조각과 신립장
군의 동상이 세워져 있었다.

천천히 구경하며 충혼탑(해방 후 충주 전
사자들의 넋을 기리기 위해 세워진 탑)
앞에서 자전거를 내려놓고 사진을 찍으려는데
탑에 놓인 꽃다발 하나가 눈에 띄었다. 평화로운 시대에 태어난 건 얼
마나 큰 축복일까.

여기 저기 둘러보던 중 어깨로 비가 한두 방울씩 떨어지기 시작했다.

'아침부터 날씨가 흐리더니 결국 쏟아지겠구나.'

인근에 있는 중앙탑까지 가려던 오늘의 계획을 접고 서둘러 잘 곳을
찾기로 했다. 무작정 달려 일단 마을 안으로 들어갔다. 마을로 들어가
잘 곳을 찾던 중 한 주택 앞에 세워져 있는 원두막이 눈에 띄었다. 곧
비가 쏟아질 기세였기에 지체하지 않고 집의 벨을 눌렀더니 이윽고 한
아주머니가 나오셨다. 나를 보더니 왠지 흠칫 놀라시는 느낌이랄까?

약간 난감해 하시던 아주머니께서는 안에 계신 아저씨께 여쭤보시곤 다행히도 허락하셨다. 서둘러 원두막으로 들어가 자전거가 젖지 않도록 원두막의 바닥 쪽으로 밀어 넣은 후 텐트를 치기 시작했다.

'만약 나같이 생긴 녀석이 우리 집에 온다면 난 과연 선뜻 허락을 할까? 일단 경계태세겠지.'

텐트를 다 치자마자 비가 억수같이 쏟아졌다. 역시 타이밍 하난 기가 막히는군! 그 무렵 아저씨께서 걱정이 되셨는지 집에 잠시 들어오길 권하셨다.

"어머니. 제가 드릴 건 없고 그동안 여행하며 겪은 이야기 좀 들려드릴게요."

그냥 앉아있기도 어색해 여행을 해오며 겪었던 이야기보따리를 풀어놓기로 했다. 두 분에게도 아들이 있었는데 다행히 그 아들이 여행을 무척 좋아하고 여행스타일 또한 나처럼 헝그리(?)했기에 어느 정도 대화도 통했다. 그래서 이야기를 재밌게 들어주셨고 이야기하는 나도 덩달아 신이 났다. 그렇게 하나 둘 그동안 있었던 이야기를 하다 보니 어느덧 3시간이 훌쩍 지나가 버렸다. 아직 해드리고 싶은 재미난 애기가 더 남아 있었지만 두 분도 주무셔야 할 시간이어서 일어나려는 찰나, 아주머니께서 빈방이 있다며 들어와서 자길 권하셨다.

내 첫인상은 그렇게 좋지 않다고 생각한다. 하지만 항상 진실한 태도로 사람을 대한다면 선천적인 인상의 험악함도 어느 정도 극복할 수 있지 않을까. 처음엔 집 밖의 공간을 허락하셨지만 이내 집안의 공간을 허락하신 아저씨, 아주머니께서도 나의 그런 진실한 모습을 알아보셨던 거겠지?

Episode 48.

고생 끝에 낙이 올까?

돈이 생기면 욕구도 달라지는 법이다. 없던 돈이 생기고 나니 갑자기 계획에도 없던 생각이 떠올랐다. 그것은 바로 번지 점프! 예전부터 꼭 해보고 싶던 것 중 하나가 번지 점프였는데 마침 강원도 동해로 가는 길목에 번지점프장이 있어 시기나 위치상으로도 딱 맞았다. 울릉도에 가기 위해선 뱃삯을 아껴야 했지만 그건 그때 가서 생각하기로 했다.

'좋아. 이때 아니면 언제 해보겠어!!'

결심을 굳힌 뒤 번지점프장이 있는 제천으로 향했다. 번지점프장은 532번 지방도를 타고 충추호를 둘러가는 코스에 있다. 충주호는 1985년 충주댐을 건설하며 만들어진 인공호수로 보통 유람선 선상관광을 즐기기 위해 많이 찾는 곳이다.

국도를 싫어하는 나로선 잘된 일이었다. 산과 호수의 멋들어진 경관을 동시에 감상하며 달릴 수 있으니까. 물론 초반엔 그런 나의 예상이 들어맞았다. 넓은 호수와 산을 바라보며 달리고 있자니 기분도 상쾌하고 마

음도 여유로워졌다. 지도상으로 파악해보니 번지점프장과의 거리도 그리 멀지 않아 보였다.

'여유롭게 가도 오늘 안엔 번지점프를 할 수 있겠는데.'

하지만 그 생각도 잠시, 532번 지방도로 들어선 순간 다른 풍경이 펼쳐졌다. 그것은 바로 비포장도로였다. 여태껏 전국일주를 하며 비포장도로를 한 번도 보지 못한 나로선 약간 신기한 느낌이었다. 그래도 별문제 될 건 없어 보였다. 비포장도로지만 노면을 보니 움푹 팬 곳도 없었고 나름 잘 닦여 있었으니까.

이윽고 비포장도로에 진입했다. 그런데 들어가면 들어갈수록 비포장도로의 실체가 드러났다. 전날 비가 왔던 탓에 여기저기가 움푹 패여 있어 속도를 낼 수 없는 상태였다. 그 결과 오르막을 오를 때 바퀴가 미끄러지기도 하고 내리막에서는 홈에 빠지기도 해 위험한 상황에 빠졌다. 더구나 모두 산길이었기에 평지가 거의 없었다. 포장도로를 달릴 때와는 비교도 안 될 만큼 체력이 빨리 소모됐다.

처음 기대했던 바와 달리 호수를 바라보며 달리는 낭만적인 라이딩은 저 멀리 안드로메다로 날아가 버렸다. 계속되는 오르막과 울퉁불퉁한 진흙길은 내 온몸을 땀으로 적셨고, 먹이를 쫓다 놓친 하이에나 마

냥 금세 숨이 거칠어 졌다. 어떻게든 자전거를 타고 가
보려 했지만 옆은 가드레일도 없는 낭떠러지라 왠지
위험하게 느껴져 결국 자전거에서 내려 끌바(자전거를
끌고 가는 것)를 하기로 했다.

그로부터 4시간 뒤, 그때까지도 532번 지방도를 벗어
나지 못한 채 자전거를 끌고 가는 시간이 계속됐다. 지
도상으로 고작 40km 정도였기에 우습게 봤던 비포장
도로는 내 발목을 한없이 붙잡고 있었다. 그러다 결국
엔 바닥에 주저앉고 말았다.

왜
비포장도로가
있는 거야...

그렇지만 이런 데서 뻗을 수는 없었기에 녹초가 된 몸
을 일으켜 물통에 손을 뻗었다. 그런데 오는 길 어디에
흘린 걸까? 물통이 있어야 할 자리엔 아무것도 남아
있지 않았다. 허무함이 밀려왔다. 모든 걸 놓아버리고
바닥에 대자로 뻗어버렸다. 더 이상 앞으로 나아갈 힘
도 없었다. 점심은커녕 물도 마시지 않은 상태에서 무
리하게 움직인 탓인지 탈진 증상이 나타났다. 윽, 잠들

면 안 되는데……. 하지만 마음과 달리 몸은 한없이 바닥으로 꺼지는 느낌이다. 눈꺼풀이 무거워지고 이내 잠이 왔다.

'덜컹. 딜컹.'

왠지 귀에서 환청이 들리는 것 같기도 했다. 뭐지, 이 소린?

'덜컹. 딜덜덜……덜컹.'
'점점 크게 들리네. 하지만 귀찮아. 그냥 잘래…….'

찰싹! 찰싹!

"……뭐, 뭐야?"
"학생. 괜찮아?"

눈을 떠보니 한 아저씨께서 서 계셨고 그 뒤로 트럭 한 대가 보였다.

"도로 한복판에 누워있으면 어떡해. 사고 날 뻔했잖아. 어디 아프냐?"

무의식 중에도 본능적으로 아저씨를 붙잡았다.

"일어나라. 다 왔어."

눈을 떠보니 포장도로가 보였다. 다행히 비포장도로가 끝나는 지점까지 차를 얻어 탈 수 있었는데, 그 사이 깜빡 졸았나 보다.

아저씨와 헤어진 후 시계를 보니 5시, 부지런히 달려 번지점프장에 도착하니 어느덧 5시 30분이었다. 영업 종료 시간 30분 전에 도착해서 운 좋게도 바로 번지대 에 오를 수 있었다. 그러나 번지대에 서서 아래를 내려 다보니 밑에서 볼 때와는 전혀 다른 느낌이었다. 원래 이렇게 높았나? 괜히 왔단 생각이 들 정도로 아찔한 높이이다. 아……. 환불할까?

"자. 준비하시고요. 안 뛰시더라도 환불 안 됩니다. 그러니 웬만하면 뛰시는 게 좋을 거예요."

'젠장. 환불이 안 돼? 그런 게 어디 있어!'

그렇게 어쩔 수 없이 뛰어내리게 된 번지점프. 소감? 한 마디로 최고였다! 우려했던 바와 달리 뛰어내리는 순간 오늘 고생했던 기억들을 모조리 날려버릴 정도의 상쾌한 기분!! 하지만 다음에 다시 뛰라고 한다면? ……글쎄올시다.

눈에 보이는 것

번지점프를 하고 나니 어느덧 저녁이 되었다. 하늘엔 먹구름이 한 가
득 끼어있는 모습이 내일은 꼭 비가 올 것 같은 느낌이다.

'오늘도 지붕이 있는 곳을 찾아야겠군.'

서둘러 발길을 재촉하는데 가는 길에 축제 포
스터가 눈에 띄었다. 제천을 배경으로 매년 벚
꽃이 피는 4월 중순경에 열리는 청풍호 벚꽃
축제였다. 내가 간 4월 말경에는 이미 축제
가 끝난 뒤였다. 좀 더 빨리 찾아왔으면 축
제를 볼 수 있었을 거란 아쉬운 마음도 들었
지만 벚꽃이 만개한 분홍빛 터널을 지나는 순
간엔 오직 눈앞에 펼쳐진 풍경에만 시선을 고
정한 채 앞으로 나아갔다.

오늘도 다행히 한 마을의 회관에서 신세를 질 수 있게 되었다. 그리고
마을에서 만난 한 할아버지 댁에서 식사도 할 수 있게 되었다. 날씨가
우중충해서 그럴까? 집안은 불을 켜도 어두컴컴했고 옷가지가 여기
저기 어질러져 있었다. 언뜻 안방을 보니 할머니 한 분이 누워 계시는
게 보였다.

할아버지 아내 분이시겠지? 인사도 드릴 겸 가까이 가보니 할머니께서는 날 보고 무언가 말씀하셨다. 그런데 이상하게도 잘 알아들을 수 없었다. 왠지 외국어처럼 느껴진달까?

"우리 마누라가 치매 걸려서 몸이 좀 안 좋거든. 그렇게 알고 있어."

할아버지께서는 밥상을 차리시며 할머니를 일으켜 세우셨다. 가만히 있기도 뭐해 할아버지께서 밥상 차리시는 걸 도와드린 후 할머니께서 계신 방으로 들고 가 셋이서 같이 식사를 했다. 점심도 거르고 온종일 비포장도로와 씨름하며 힘을 빼서 그럴까? 밥은 그야말로 꿀맛이었다. 할아버지께서는 식사하는 내내 할머니께 밥을 먹여드리고 밥알을 흘릴 때마다 닦아주었다. 그리고 할머니께 내 소개를 비롯해 오늘 있었던 일들에 대해 옛날이야기를 하듯이 하나하나 들려주셨다.

할머니를 묵묵히 돌보는 할아버지의 모습. 어떻게 보면 당연한 모습이건만 뉴스나 신문에서 흉흉한 소식을 많이 접해서 그럴까? 할아버지의 모습에 왠지 가슴이 따뜻해졌다. 다음날 아침, 빗발이 약해지고 구름도 좀 개었지만 야속한 비는 여전히 그칠 생각이 없어 보였다.

'오늘은 글렀구나.'

할 수 없이 짐을 다 싸고 비가 그칠 때까지 낮잠이나 더 잘 요량으로 침낭에 몸을 묻으려는데 회관 문이 갑자기 벌컥 열렸다.

"여기서 뭐해? 내가 어제 아침 먹으러 오라고 그랬잖아."

할아버지께서 내 손을 잡아끌어 집으로 데리고 가셨다. 단지 이방인일 뿐인데도 이렇게 신경 써 주시는 할아버지의 마음이 고마웠다. 그렇게 할아버지의 댁으로 가 어제와 마찬가지로 상을 차리고 아침을 먹으려는데, 숟가락에 붙은 음식물 찌꺼기가 눈에 띄었다.

'뭐 설거지하다 실수로 묻었을 수도 있는 거지.'

음식물을 떼어내고 젓가락을 집는데 아니나 다를까. 젓가락에도 음식물 찌꺼기가 붙어있었다. 좀 이상한 생각이 들어 밥그릇을 비롯한 다른 그릇들도 한 번씩 훑어보았다. 그런데 밥그릇을 비롯해 숟가락, 젓가락, 심지어 반찬 통에까지 드문드문 음식물 찌꺼기가 붙어 있는 게 아닌가. 보통 나이 드신 분들은 눈이 어두워 잘 보이지 않기 때문에 종종 이런 일이 있다는 건 알고 있었다.

'어제는 어두워서 제대로 못 봤던 건가.'

뭐 어쩌랴, 하며 숟가락을 들었지만 이미 밥맛은 떨어졌고 더 이상 배가 고프단 생각도 들지 않았다.

"얼른 먹어. 배고플 텐데."
"네. 잘 먹겠습니다."

음식물 찌꺼기를 떼어내며 억지로 다 먹긴 했지만 찝찝한 마음이 가시질 않았다. 오후가 돼서야 드디어 비가 그쳤다. 이내 회관에서 짐을 챙겨 나갈 준비를 서둘렀다.

사람의 마음은 참 간사하단 생각이 든다. 어제 저녁에 밥을 먹을 땐 그렇게 맛있게 잘 먹어놓고선 오늘 아침 음식물 찌꺼기를 확인한 뒤엔 그렇게 맛없게 느껴지다니. 그건 그렇다 쳐도 내가 이런 생각을 할 자격이 있기나 한 걸까? 길에 떨어진 빵까지 주워 먹던 내가. 오랜 여행으로 인해 온몸에 땀 냄새가 밴 옷을 입고 있는 내가. 길 가던 더러운 이방인을 집에 들여 손수 밥을 차려 주신 할아버지의 마음에 감사하진 못할망정 이런 생각이나 하고 있다니.

"감사합니다. 할아버지. 저 가볼게요."
"그래. 나중에 언제 한 번 또 들러."

웃으며 손을 흔드시는 할아버지께 죄송스런 마음이 들어 얼굴을 마주보기가 힘들었다.

자전거 뮤직 플레이어

자전거를 타고 이어폰을 낀 상태로 음악을 듣는다면 어떨까요? 음악소리가 주변소리를 차단해 자칫하면 사고가 날 수도 있겠죠. 하지만 자전거 거치형 뮤직 플레이어를 사용하면 걱정이 없습니다. 휴대용 외부 스피커를 자전거에 장착해 음악을 듣는 방식이므로 이어폰을 꼽는 것보다 훨씬 안전하고 상쾌하게 음악을 들으며 자전거를 탈 수 있지요.

시중에 각종 뮤직 플레이어가 많이 시판되고 있는데요. 제가 사용하는 제품은 국산 제품인 SOAP랍니다. 뮤직 플레이어로서의 기능과 더불어 전조등 기능 또한 겸비하고 있기에 유용한 제품이죠. 반복되는 단조로운 길을 달릴 때 신나는 음악과 함께한다면 더 즐거운 여행길이 되겠죠?

같은 장소, 다른 느낌

할아버지와 헤어져 제천을 빠져나오는 길에 마침 물이 떨어져 눈앞에 보이는 주유소로 향했다. 주유소 사무실 안엔 사장인 듯한 아저씨가 계셔서 정수기에서 물을 받으며 대화를 나누게 되었다.

"단양에 꼭 가보세요. 저도 가까워서 자주 가는데 단양 8경이 정말 멋지고 볼 만하거든요."

사실 다음 목적지는 단양이 아니라 영월이었다. 그러나 아저씨의 그 말을 들으니 또 다시 호기심이 발동했다. 잠시 고민하다 지금 아니면 또 언제 가보나 싶어 결국 단양에 한 번 가보기로 했다. 하지만 기대가 크면 실망도 큰 법! 별 기대하지 않고 가벼운 맘으로 단양으로 향했다.

단양으로 가는 길은 충주호와 연결되어 있어 호수를 옆에 끼고 달릴 수 있었다. 호수의 경치를 즐기며 계속 달리고 있는데 돌연 시야가 뿌옇게 흐려졌다. 산중이라 갑자기 안개가 낀 걸까? 개의치 않고 다시 달리려는데 안개가 점점 시야를 가로막더니 급기야는 20m 앞도 식별되지 않을 만큼 사방을 둘러싸기 시작했다. 앞이 잘 보이지 않는 상황이라, 혹시나 보이지 않는 곳에서 차라도 튀어나올까 더 주의 깊게 살피며 자전거를 몰기 시작했다. 그런데 조금 가지 않아서 갑자기 눈앞에 무언가가 나타났다.

그것은 바로 하늘 높이 쭉 뻗은 커다란 바위산이었다. 안개에 가려 올라오는 동안에는 보지 못했는데 바로 앞에서 그 풍경을 마주하니 그야말로 장관이었다. 벚꽃과 개나리, 강과 거대한 바위산이 안개 사이사이로 조금씩 모습을 드러냈다. 마치 신선이 사는 듯한 착각마저 불러올 만큼 신비로운 풍경이었다.

2010. 4. 22
리리리 View point

그 신비로운 기운에 이끌려 한참 동안 멍하니 서서 그 광경을 바라보았다. 그동안에도 산과 강을 뒤덮은 안개는 시시각각 다양한 모습을 연출하며 내 눈을 즐겁게 해주었다. 여행을 해오며 이렇게 멋진 풍경을 본 적이 있었던가?

'빵빵~~~. 빠아아앙!!!'

갑자기 경적을 울리며 안개를 뚫고 고속버스가 나타났다. 그제야 내가 서있던 곳이 도로 한복판이었단 사실을 깨닫곤 급히 도로변으로 피했다. 자전거를 구석에 두고 이번엔 좀 더 가까이 다가가 자리를 잡고 풍경을 감상했다. 언제 또 다시 이런 풍경을 만날 수 있을까? 왠지 현실세계 같지 않은 이 기묘한 풍경을 그림으로 남기고 싶어 스케치북을 꺼내 스케치를 시작했다. 하지만 역시 내 부족한 실력으론 이 풍경을 모두 담아내기가 힘들었다. 그 후 두 시간이 넘도록 멍하니 눈앞에 보이는 풍경만을 감상했다.

시간이 지나자 안개가 서서히 걷히기 시작했고 눈앞의 무릉도원은 점점 사라져가고 있었다. 마침 배도 고팠던지라 다시 떠나기 위해 자리에서 일어났다. 오랫동안 안개 속에 머물렀던 탓일까? 일어선 순간 입고 있던 옷이 축축해졌단 걸 깨달았다.

"빵~빵~. 안녕하세요."

그 길로 다시 페달을 밟아 나아가던 중 남녀가 함께 탄 오토바이 한 대가 갑자기 내 앞을 가로막고 섰다. 오토바이 뒤쪽에 가득 실린 짐과 행색을 보니 이들도 여행자인 모양이다. 오랜만에 만난 여행자이기에 반갑게 인사를 나누었다. 둘은 연인 사이이고 남자의 군 제대를 기념하기 위해 함께 여행하게 되었다고 한다. 남자는 갓 제대했는지 아직 머리가 많이 짧아 보였다.

'연인과 함께하는 여행이라, 부럽다……. 쩝.'

그렇게 잠시 대화를 나눴다. 그들은 내가 아까 지나온 곳이 단양팔경의 하나인 구담봉과 옥순봉이며 주로 선상관광을 위해 많이 찾는 곳이라는 설명도 해주었다.

오토바이로 여행하는 이들은 어떤 느낌을 받았을까? 궁금해서 한 번
물어보았다.

"날씨가 우중충해서 그런지 좀 별로던데요. 얼른 지나서 강원도 쪽
으로 올라가려고요."

엥? 의외의 대답이었다. 하지만 이내 수긍할 수 있었던 건 이들이 본
풍경과 내가 본 풍경이 같을 리 없었기 때문이다. 같은 것을 보더라도
시간과 속도에 따라 차이가 있을 것이다. 고작 몇 시간 늦게 도착한
탓에 그림 같은 풍경을 놓치게 된 그들이 안타깝기도 했지만 그렇게
따지자면 나 역시 그냥 지나친 곳이 한두 군데가 아니겠지. 한마디로
복불복 아니겠는가. 어차피 여행이란 각자의 속도와 방식에 맞게 즐
기면 되는 거니까.

어질어질 비틀비틀

"자전거여행 중인가 봐요?"

단양의 또 다른 8경으로 향하던 중 갑자기 커다란 봉고차 한 대가 내 앞을 가로막았다. 이윽고 차에선 한 아저씨와 아주머니가 내렸다.

"전 자전거타기운동연합에서 일하고 있는 사람이에요. 다음달 즈음 여기서 회원들과 단체로 라이딩하러 올까 해서 사전 답사 차 왔거 든요. 여기 어떤가요? 달리기 괜찮아요?"

"네. 그렇게 가파른 곳은 없는 것 같아요."

아저씨와는 관심사가 같았기 때문인지 대화가 술술 잘 풀렸다.

이거라도 가면서 먹어요.

오오옷! 감사히 잘 먹겠습니다!!!

와삭 와삭

확실히 난 먹을 복이 있어~.

아저씨께서 주신 뻥튀기를 뜯으며 단양의 또 다른 8경인 상선암, 중선암, 하선암에 도착했다.

'에이. 이게 뭐야.'

약간 실망감을 느꼈다. 이곳 역시 시원한 계곡이 흐르고 있었고 갖가지 기암괴석들로 이루어진 독특하고 단아한 풍경이었다. 하지만 안개에 쌓인 구담봉과 옥순봉의 모습에 너무 만족감을 느껴서일까? 왠지 초라해 보이는 느낌이다. 아마 당분간은 무얼 보더라도 만족감을 얻긴 힘들 것 같기도 하다.

이윽고 저녁 무렵, 오늘은 운 좋게도 한 대가족의 집에서 잠을 잘 수 있게 되었다. 가족 구성원은 할아버지, 할머니, 그리고 아들부부와 손자, 손녀. 몇십 년 전만 해도 이 정도의 가족구성을 대가족이라 부르진 않았을 것이다. 다들 분가해서 살려고 하는 시대인만큼 시골에서 부모님과 함께 사는 그들의 모습이 더 가족답고 정겨워 보였다. 문득 얼마 전 봤던 TV 프로그램이 생각났다. 아이들에게 가족의 정의에 대해 물었는데 아이들은 대부분 같이 살지 않으면 가족이 아니라고 대답했다. 그 아이들에게 있어 할아버지, 할머니는 가족이 아니겠지? 하지만 지금 내 앞에 있는 이 아이들에게 할아버지, 할머니는 한 가족이다.

다음날, 단양 8경 중 하나인 사인암에 도착했다. 우뚝 솟은 기암절벽과 그 위로 펼쳐진 푸른 소나무의 모습이 멋지게 조화를 이룬 곳이었다.

자전거를 세워둔 후 사인암 주변을 천천히 거닐었다. 그런데 오늘따라 몸이 자꾸 으슬으슬하고 싸늘한 느낌이 들었다.

 '으……. 뭐야, 배탈이라도 난 건가?

잠시 지나면 괜찮아 질 거라 생각해 신경 쓰지 않고 계속 걸었다. 그런데 시간이 지나면 지날 수록 몸에서 식은땀이 나고 머리도 어지러워 졌다.

'뭐지? 몸살인가?'

급기야 이대론 서있기도 힘들 것 같아 결국 옆에 있던 평상에 드러누워 버리고 말았다.

물병거치대

여행을 하려면 물은 필수겠죠? 보통 자전거에는 대부분 물병거치대가 장착되어 있지요. 그런데 가끔 물통이 거치대와 미묘하게 맞지 않거나 좀 더 큰 물병을 거치하고 싶을 경우가 있죠. 그래서 나온 제품이 사이즈 조절이 가능한 물병거치대입니다.

가격대도 저렴하고 설치도 쉬워 손쉽게 사용할 수 있답니다. 또한 몇 개월간의 장기 여행을 하는 여행자들을 위해 물을 많이 적재할 수 있도록 핸들바에 거치할 수 있는 제품도 있지요.

Episode 52.

아들 같아서

여행 중 갑자기 몸살이 찾아왔다. 더 움직일 수도 없을 것 같아 평상에 누워 3시간을 내리 잤다. 4월 중순의 따사로운 햇살을 받으며 잠들어서일까? 일어났더니 왠지 조금은 개운한 느낌이 든다. 그럭저럭 다시 몸을 움직일 정도까지는 회복된 것 같았다. 어쨌든 가자. 계속 이러고 있어봐야 늘어지기만 하니까.

다시 몸을 움직여 찾아간 곳은 단양의 고수동굴이다. 사전 정보를 입수해 인근 리조트에서 오백 원 할인된 가격으로 티켓을 살 수 있었다. 역시 정보가 힘이다.

고수동굴은 천연기념물 제256호이며 길이가 1,700m인 자연동굴로 사계절 동안 항상 섭씨 15도를 일정하게 유지해 여름에도 시원하다고 한다. 하지만 나는 이상하게도 걸으면 걸을수록 몸에서 자꾸 식은 땀이 흘렀다.

'왜 이렇게 덥지? 나만 그런 건가?'

주위를 둘러보니 땀을 흘리는 사람은 오직 나밖에 없어 보였다. 역시나 아까의 몸살 기운이 재발한 듯 다시 몸에서 열이 나기 시작했다. 하지만 오늘은 단양 8경을 모두 다녀온 뒤 영월로 가려고 계획했다. 몸이 아프긴 했지만 계획에 차질이 생기는 것이 내키지 않아 다시 자전거에 올랐다.

'좋아. 더 아프기 전에 도담삼봉까지 미친 듯 달리자!'

무식하게 페달을 밟아 도담삼봉에 도착한 기쁨도 잠시. 아침부터 몸살 기운 때문에 아무것도 먹지 못했기에 난 거의 녹초가 된 상태였다.

단양팔경 중 하나인 도담삼봉은 남한강에 위치한 기암 형태의 섬으로

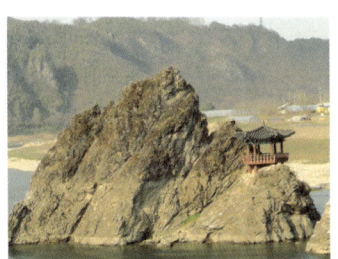

또 다른 8경인 석문과 붙어 있다. 그래서인지 늦은 시간임에도 많은 이들로 북적거렸고, 관광객들을 실은 버스가 연이어 드나들었다. 입구가 차들로 북새통을 이루고 있어 통행이 정체된 상황이었다. 난 자전거를 타고 있으니 차들 사이를 여유롭게 통과하며 아픈 와중에도 잊지 않고 승리의 브이를 날려주었다.

'좀 더 쉬면 괜찮아지려나.'

한참을 벤치에 늘어져 휴식을 취해보지만 힘은 점점 더 빠지고만 있다. 그 순간 한 현수막이 내 눈에 띄었다.

– 마즙 한 잔 맛보고 가세요.

입맛은 여전히 없었지만 무엇이라도 먹지 않으면 정말 쓰러질 것 같아 일단 그곳으로 다가갔다. 조그마한 소주잔에 마 가루가 담겨있었고 옆에는 뜨거운 물을 받을 수 있는 정수기가 있었다.

"어머니, 저 이거 한 잔 마셔도 돼요?"
"네. 한 잔 드셔보세요."

그렇게 마즙 한 잔을 마셨다. 신기하게도 갑자기 몸이 좀 가벼워지는 느낌이다.

'몸살에도 효과가 있나 보네. 또 먹으면 안 되겠지?'

그렇게 생각하는 내 머리와는 달리 몸은 아주머니의 눈을 피해 두 잔째 컵을 쥐고 물을 받고 있었다. 그때였다. 손님들께 마즙을 나누어 주던 아주머니께서 나를 부르며 내게 다가오셨다.

"총각!!! 방금 한 잔 먹는 거 봤는데!"
'윽. 역시 두 잔은 안 되는 거였어.'

아주머니께서는 인상을 쓰시며 성큼성큼 다가오셨고 그 모습에 주눅이 들어 고개를 푹 숙였다. 그러나 호통을 치실 거란 내 생각과는 달리 아주머니는 갑자기 웃으시며 내 등을 '찰싹' 두들기셨다. 그리고는 날 위해 큰 컵 하나를 꺼내서 손수 마 가루를 타주셨다.

"하하. 더 드시고 싶으면 말씀을 하시지. 자전거여행해요?"

"네. 울산에서 왔어요."

"그렇구나. 사실 우리 아들도 자전거하이킹을 좋아해서 여기저기 많이 타고 다니거든요. 그래서 학생 보니까 왠지 아들 생각도 나고 해서. 많이 먹고 부족하면 또 드세요."

아주머니의 말씀에 염치없지만 그 자리에서 10잔 정도를 내리 마셔버렸다. 여행을 하다 보면 많이 듣는 말이 있다. 아들 같아서, 손자 같아서……

여기까지 오는 동안
나는 얼마나 많은 어머니를 만났던가.

휴대용 충전기

여행을 하더라도 휴대폰, 디지털카메라 정도의 전자기기는 기본적으로
사용할 듯합니다. 간혹 전자기기를 충전할 수 없는 지역을 여행해야 할
경우 휴대용 충전기가 있으면 유용합니다. 일반적으로 건전지의 전력
을 방전된 전자제품에 역으로 공급하는 충전기와, 휴대용 배터리팩을
미리 완충한 뒤 방전된 전자제품을 배터리팩에 연결해 충전하는 제품
이 있지요. 물론 단자에 맞는 변환 잭은 필수겠죠!

물론 꼭 가지고 가지 않아도 큰 무리는 없답니다. 가난한 여행자인 전
주로 공중화장실의 콘센트를 이용했으니까요. 하지만 하나쯤 가지고
있다면 언젠가는 유용하게 쓸 날이 있겠지요?

Episode 53.

충전 완료!

도, 도저히... 더 이상은 안 돼. 마을로 가자.

어떻게든 참고 가보려 했건만 시간이 지날수록 나아지기는커녕 머리는 점점 더 어지럽고 비 오듯 식은땀이 흘렀다. 아프면 그냥 쉬면 될 것을, 난 지금 왜 이러고 있는 걸까? 이건 더 이상 여행도 뭣도 아닌 아무 의미도 없는 무식한 고행일 뿐이다. 일단은 살고 봐야 했기에 때마침 보이는 마을로 들어갔다. 마을 입구로 들어가자마자 마을회관이 보였다. 마을회관 간판엔 경로당이란 세 글자가 적혀있다. 여기서 여행 중 얻은 팁 하나를 말하자면 마을 회관일 경우엔 이장님의 허락을 받아야 하고, 노인회관이나 경로당일 경우엔 이장님과 노인회장님께 모두 허락을 받아야 한다는 사실이다. 이장님 댁을 물어볼 겸 주위를 두리번거리니 마침 할아버지 한 분이 눈에 띄었다.

"안녕하세요. 혹시 이장님 댁이 어딘지 알 수 있을까요?"
"이장? 일 나가고 없는디."
"그럼 노인회장님 댁은 어딘지 알 수 있을까요?"
"난데. 왜 그러는가?"

마침 만난 분이 바로 노인회장님이셨다. 더 이상 서 있을 힘도 없어

간략하게 지금의 상황을 말씀드리고 경로당에서 묵을 수 있게 해달라고 부탁드렸다.

　"그래. 그럼 들어가 쉬어. 보일러 틀어 줄 테니까."
　"감사합니다."

살았다. 안도의 한숨이 절로 나왔다. 다음 마을까지 갈 힘도 남지 않은 상황이었으니 천만다행이었다. 회관에 들어오니 곧 해가 졌다. 땀을 많이 흘려서 그런지 옷이 축축했다.

　'으. 머리야. 얼른 씻고 일찍 자자.'

옷을 벗고 씻기 위해 얼른 화장실로 들어갔다.

　"어이. 울산에서 온 청년 어디 있어?"

한참 씻고 있던 중 갑자기 누군가의 목소리가 들렸다.

　"내가 이장인데 말이야."

순간 이장님의 얼굴을 보고 약간 겁에 질렸다. 인상이 왠지 화가 나신 듯해 보였기 때문이다. 내가 허락도 받지 않고 들어왔기 때문에 그런 걸까? 이장님께서는 성큼성큼 내게로 다가오며 말을 이었다.

"노인회장님한테 듣고 왔어. 원래 여긴 공공시설이야. 그래서 아무
  나 자고 그러면 안 된다고."

"아⋯⋯. 네."

"근데 너 밥 안 먹었지? 얼른 옷 입고 따라와. 우리 집 가서 밥
  먹자."

"네?"

"아프다고 그러던데."

쫓겨날지도 모른다는 내 생각과는 달리 거친 인상으로 따뜻한 말씀을
하시는 이장님의 모습에 순간 당황스러웠다.

"아, 아뇨. 몸이 안 좋아서 못 먹을 것 같아요."
"아플수록 더 먹어야 해, 인마. 억지로라도 먹어! 얼른 따라나와."

무서웠던 첫인상과는 달리 이장님은 남자답고 마음도 따뜻한 분이셨
다. 이장님께서는 저녁식사와 몸살 약까지 손수 챙겨주셨다. 첫인상
이 좋지 않아 오해를 사곤 했던 내가 첫인상으로 사람을 파악하려 했
다니. 내가 생각해도 참 기가 막힌다. 다음날 아침, 어제 약을 먹고 자
서 그런지 오늘은 열이 어느 정도 내린 것 같았다. 하지만 아직 완쾌
되진 않았는지 일어서는 순간 핑 도는 느낌이었다. 그래도 이틀 동안
이나 폐를 끼칠 순 없겠지? 다시 짐을 싸고 떠날 준비를 마쳤다. 약간
비틀거리며 자전거에 짐을 부착하려는데, 저 멀리서 노인회장님과
이장님께서 날 부르셨다.

"야. 어딜 가려고 그래? 아직 아픈 것 같구먼. 객지 나와서 아프면 얼마나 서러운데. 눈치 보지 말고 다 나을 때까지 푹 쉬다 괜찮아지면 떠나. 며칠 더 있어도 상관없으니까. 그러지 말고 그냥 오늘부터 우리 집에 와서 자. 회관에서 혼자 자는 것보단 그게 나을 거야."

그 한마디에 나도 모르게 눈물이 핑 돌았다. 아무 데도 의지할 곳 없는 날 이렇게 따뜻하게 맞아주시고 보살펴주시다니. 단지 지나가는 나그네일 뿐인데도 말이다. 그렇게 그날은 이장님 댁에 묵으며 편히 쉴 수 있었다. 그리고 다음날.

'아자자자자자. 충전 완료!!'

완전히 완쾌됐는지 몸이 날아갈 듯 가벼운 느낌이었다. 하지만 이대로 떠날 순 없는 일!

"이장님, 제가 일 좀 도와드릴게요. 시켜만 주세요!"

"난 운송업이라 딱히 시킬 게 없어."

"그럼 노인회장님, 저한테 뭐 시키실 일 없으세요? 모내기라든지……."

"일? 엊그제 모내기도 끝냈고. 지금은 시킬 일이 없어."

아픈 상태로 마을을 찾았기 때문일까? 날 배려해 주시는 두 분의 마음이 느껴졌다.

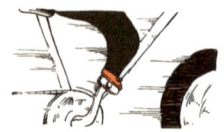

집을 떠나온지 어느덧 한 달.
타지에서 아픈 것만큼
서러운게 또 있을까.

하지만 많은 분의 도움으로
다시 일어날 수 있었다.

이 은혜를 어떻게 다 갚을 수 있을까.

Episode 54.
머피의 법칙

조금 전까지만 해도 충북에 있었
는데 강원도로 오니 왠지 공기가
바뀐 듯한 느낌이 들었다. 그도 그
럴 것이 난 강원도에 묘한 거부감이
있었다. 그 이유는 바로 군 복무를
강원도 철원에서 했기 때문이다. 철
원에서 군 복무를 하는 동안 남아 있는 기억이라곤 오로지 눈을 치운
기억뿐이다. 눈을 쓸고 뒤 돌아보면 그대로 쌓여있는 눈을 또 쓸
고……. 시키면 해야 하는 게 군대라지만 그 비효율적인 시스템은 정
말 사람 기운 빠지게 하는 데 최고였던 것 같다.

단종의 유배지임과 동시에 아름다운 자연경관으로도 이름 높은 영월
이지만 단지 강원도라는 이유 하나만으로 왠지 이곳을 빨리 빠져나가
고 싶은 심정이다. 영월에 들어와 제일 처음 만난 곳은 조선의 6대 왕
이었던 단종의 장릉이다.

　'들어가 볼까?'

하지만 수학여행 시즌을 맞아 중학생들로 바글바글한 풍경이 내 발걸
음을 멈추게 했다.

일단,
도망가자!

쌔앵

전에 담양의 죽림원에서도 수학여행을 온 중학생들 틈 사이에 낀 적이 있었는데 그날의 기억은 그야말로 악몽이었다. 중학생들이 얼마나 욕을 잘하는지 체험한 순간이었으니까. 거기다 대나무마다 칼로 이름을 새기기도 하는 등 그 모습이 가관이었다.

그때의 기억이 떠올라 일단 피하기로 결정한 뒤 단종의 유배지였던 청령포로 발길을 옮겼다. 그렇게 얼마쯤 달렸을까. 얼마 지나지 않아 관광버스 한 대가 날 추월했다. 이윽고 연이어 몇 대가 동시에 날 앞질러 갔고 청령포에 도착했을 즈음엔 또 다시 중학생들이 바글댔다. 중간 중간 나무를 발로 차며 서로 누가 잎을 더 많이 떨어뜨리는지 내기를 하는 아이들도 보였다.

잠시 고민하다 다시 도망치기로 결정했다. 이번엔 별마로천문대에 가보기로 했다. 별마로천문대는 해발 800m의 봉래산 정상에 위치하기 때문에 산길을 올라야 했다. 가는 길은 가팔랐지만 얼마 되지 않는 거리였기에 천천히 올라가 보았다. 그렇게 10분 정도 올라갔을까? 뒤에서 차량소리가 들렸다. 설마 하고 뒤돌아보니 아니나 다를까. 관광버스 한 대가 올라오고 있었다.

'얼른 떠나란 소리군!'

조금 더 올라가면 별마로천문대에 도착할 수 있기에 망설였지만 고민 끝에 눈물을 머금고 자전거를 돌려 다시 내려왔다. 나중에 알고 보니 홈페이지에서 미리 예약을 하지 않으면 들어갈 수 없다고 하니 어차피 가봤자 들어갈 수도 없었을 것이다. 어찌됐든 또 관광버스가 쫓아올세라 영월에서 무언가를 하는 건 포기하고 바로 정선으로 가기로 했다.

'어쩌겠어. 짜증나지만 수학여행시즌에 찾아온 내 잘못인 걸.'

그렇게 30분 정도 달렸을까? 아침부터 날씨가 심상치 않았는데 역시나 한바탕 비가 쏟아지기 시작했다.

믿음

영월을 지나 정선을 향해가는 길, 달리다 보면 그치려니 했는데 우비를 입은 몸이 홀딱 다 젖었는데도 비가 계속 퍼붓는다. 기왕 젖은 김에 체념하고 그냥 달리기로 한다.

그렇게 도착한 곳은 영월과 동해의 중간지점 정도 되는 정선의 함백이다. 제법 큰 규모의 마을인지 동네 곳곳에 상점과 가게가 들어서 있다. 그런데 이상한 건 그 많은 가게의 대부분이 장사를 하지 않는 것이다. 왠지 문을 연 곳보다 빈 가게가 더 많아 보이는 듯하다. 나중에 여쭤 보니 탄광촌이었던 함백은 과거에는 활발한 도시였지만 지금은 폐광되어 사람들이 많이 빠져나갔기 때문이라고 한다.

비를 맞으며 계속 달리다 보니 지치고 체력도 많이 떨어져 평소보다 좀 이른 시간이지만 마을 이장님을 찾아갔다. 마을 분들께 여쭤어 찾아간 이장님 댁은 식당이었다. 마침 이장님께서는 외출하시고 사모님만 계셨다.

"마을회관엔 지금 사는 사람이 있어서 안 될 것 같아요. 일단 남편한테 전화 좀 해볼게요. 잠시만요."

잠시 이장님과 통화하시던 사모님은 통화를 마친 후 남편이 그냥 자기 사무실에서 자라고 했다며 그곳으로 데려다 주겠다고 하신다.

"거기 좀 추울 텐데 괜찮으시겠어요?"

내가 춥고 더운 거 따질 처지겠는가. 지붕이 있는 것만 해도 감지덕지지.

"네! 안에서 잘 수 있는 것만도 감사한 걸요!"

그렇게 사모님을 따라 사무실에 도착해 보니 그곳엔 고가의 컴퓨터 한 대가 놓여있다.

"그럼 이따가 저녁 먹을 때 부르러 올 테니 식당에서 저녁 같이 먹어요."
"네. 감사합니다!"

그렇게 사모님께서는 다시 가게로 돌아가시고 나는 또 의문에 빠지게 된다.

'내가 컴퓨터를 훔쳐가기라도 하면 어쩌시려고 그러지? 비싸 보이는데.'

일단 젖은 짐을 풀고 옷을 갈아입었다. 이윽고 저녁, 일을 마치고 돌아온 이장님과 사모님, 그리고 나 이렇게 셋이서 저녁식사를 하게 되었다. 궁금한 건 못 참는 성격인 난 결국 여쭤보기로 했다.

"이장님, 궁금한 게 있는데요. 아까 사모님이랑 전화통화 하실 때 어떻게 얼굴도 본 적 없는 절 사무실에서 재우라고 하신 거예요? 거기 컴퓨터도 있던데 만약 제가 훔쳐 가면 어쩌시려고요."

"음……. 나도 어릴 때 친구들이랑 자전거 타고 해남 땅끝까지 내려간 적이 있거든. 그때 힘들어서 자전거는 버리고 버스를 타고 왔지만 말이야. 자네 얘기 들으니깐 그때 기억이 나더라고. 나도 경험이 있어서 그런지 안 봐도 믿을 수 있을 것 같았어.”

그 말에 여행 내내 생각해오던 질문이 다시 떠올랐다.

'나라면 과연 그럴 수 있을까.'

사모님께도 같은 질문을 해보았다.

“그런 경우는 전혀 생각해보지 않았는걸요.”

강원도 사람들은 무언가 떼 묻지 않은 순박한 마음을 갖고 있는 걸까?

'아니. 단지 내 마음에 떼가 끼었기 때문일지도.'

다음날. 다시 동해로 출발하려는데 이장님께서 갑자기 차에 시동을 거신다.

“여기 이 고개는 자전거로 넘으려면 무지 힘들 거야. 이 오르막 고개 까지만 태워 줄 테니 타고 가.”

“아니에요. 천천히 자전거 타고 가면 되는걸요.”

그렇게 말씀드려보지만 이번엔 사모님까지 거드신다.

“그러지 말고 타고 가세요. 이 고개는 경사가 너무 심해서 많이 힘들 거예요.”

이렇게까지 말씀하시는데 거절하면 안 되겠지? 차에 자전거를 싣고 고개를 오른다. 그런데 막상 올라보니 왜 차를 타고 가라 하셨는지 이해가 갈 만큼 경사가 심한 고개였다.

헉!
여길 자전거로
왔다면
죽음
이었겠군.

꼬불꼬불한 산길을 돌고 돌아 정상에 도착하니 10m 앞도 겨우 보일 정도로 안개가 자욱하다.

"이장님. 태워주셔서 감사합니다. 저 이만 가볼게요. 건강하시고요. 울릉도 도착하면 다시 전화 드릴게요."

"그래. 울릉도에서 무슨 일 있으면 전화해. 거기 아는 사람이 몇 있으니까 도움 줄 수 있을 거야."

"네. 그럼 가볼게요. 얼른 들어가세요."

"먼저 내려가. 가는 거 보고 갈 테니."

인사를 드리고 안개를 가르며 내리막길을 달린다. 뒤돌아보니 이장님께서는 그 자리에서 계속 날 바라보고 계신다. 마지막으로 큰소리로 외친다.

"감사합니다. 안녕히 계세요!!"

자전거 내비게이션

자전거에 장착 가능하도록 경량화되어 자전거는 물론 자동차 겸용으로
도 사용 가능한 제품이 바로 자전거 내비게이션입니다. 지도 한 장으로
여행하기 불안하다면 한번쯤 써볼 만한 제품입니다.

보통 우리나라 자전거여행 시 기본적으로 전국지도와 지역별 세부지도
책을 챙겨 여행하는 사람이 대부분입니다. 저 역시 전국전도 한 장만
가지고 문제없이 여행했고요. 물론 수십 번도 더 길을 헤매긴 했지만
요. 우리나라 도로표지판 중엔 간혹 잘못 표기된 채로 방치된 경우가
있어 불편을 겪었던 경우도 더러 있었고요.

지도 보기에 자신이 없거나 엄청난 길치라면 자전거 내비게이션으로
좀 더 편하게 여행할 수 있겠죠? 다만 자동차처럼 내부 동력원이 없기
때문에 자전거에 장착할 때 휴대용 배터리팩이나 태양열 충전기가 없
다면 오랜 시간 사용할 수 없다는 게 단점이죠.

Episode 56.
한걸음, 한걸음

오늘도 비를 피해 길가의 작은 쉼터로 들어왔다. 강원도의 날씨는 도무지 종잡을 수가 없다. 맑다 가도 갑자기 비가 오거나 흐리기도 하고. 방금까지 억수같이 쏟아지던 비도 어느덧 금세 그쳤다.

'다시 출발해볼까?'

울릉도행 배를 타기 위해선 동해의 묵호여객터미널로 가야했기에 다시 발을 굴렀다. 하지만 강원도는 날 도와줄 마음이 없나 보다. 강원도는 대부분 산악지형이어서 넘어도, 넘어도 계속해서 다음 언덕이 나왔다. 오늘도 크고 작은 고개를 몇 개나 넘었는지…… 여행을 하며 어느 정도 체력이 단련되었기에 웬만한 고개는 자신 있었건만 강원도에선 명함도 못 내밀 것 같았다. 고개 하나를 넘을 때마다 힘이 쭉쭉 빠졌다.

'아무리 그래도 이건 너무하잖아!'

결국 오늘까지 동해로 가는 건 무리라 판단해 천천히 쉬면서 가기로 결정했다. 힘이 빠져 맥없이 느릿느릿 달리고 있는데 설상가상으로 길가에 있던 개 세 마리가 동시에 짖어대며 날 쫓아오기 시작했다. 하지만 적당히 쫓아오다 말겠거니 하고 일정 속도를 유지하며 천천히 달렸다. 그랬더니 날 잡을 수 있다고 판단했는지 계속 쫓아오는 게 아닌가. 하얀 이빨을 드러내며 잡히면 물어버릴 듯한 기세로 말이다.

'어쭈, 이것들 봐라? 어디까지 쫓아오나 보자.'

왠지 심통이 나 일부러 어느 정도 거리가 벌어지면 녀석들이 쫓아올 수 있도록 기다려주고 또 멀어지면 기다려주기를 반복했다. 녀석들은 집 지키기도 포기했는지 1km 이상을 계속 쫓아왔다. 그렇게 녀석들을 달고 계속 달리던 중 어느 순간 오르막길이 시작되었다. 오르막길이지만 조금만 달리면 금방 넘을 수 있을 것 같아 여유롭게 고개에 진입했다. 그런데 예상과는 달리 고갯길을 꺾을 때마다 연이어 오르막이 계속 이어지는 게 아닌가.

알고 보니 그 고개는 백두대간 9개령 중 하나였던 백복령이었다! 오르막에 오르니 점점 속도도 떨어져 녀석들과의 거리가 점점 좁혀지기 시작했다. 녀석들도 그걸 느꼈는지 혓바닥을 내밀고 침을 질질 흘리며 미친 듯이 날 향해 돌진했다. 이 상태로 가면 정말 잡힐 것 같았다.

'망했다. 일 났네!'

차츰 녀석들과의 거리가 좁혀지는 게 느껴졌다. 이대로 가다간 정말 물리겠는걸! 엉덩이를 안장 위로 들어올려 마지막 남은 힘까지 쥐어짜내 백복령을 오르기 시작했다. 거리가 벌어지기 시작했지만 녀석들도 그걸 알았는지 더 속력을 내기 시작했고 다시 필사의 추격전이 시작되었다.

'일단 자전거를 버리고 뛸까?'

힘은 계속 빠지고 거리는 점점 가까워지고 있었다. 어쩔 수 없이 살기 위해 자전거를 버리고 뛰었다. 맨몸으로 뛰는 내 속도를 따라잡을 수 없다고 판단했는지 녀석들은 더 이상 쫓아오지 않았다. 휴……. 10년 감수했구나. 어차피 바로 내려가 봤자 녀석들이 버티고 있을 것 같았기에 바닥에 앉아 숨을 돌렸다. 그리고 다시 자전거를 가지러 가보니 바퀴가 앞뒤로 펑크가 나 있었고 가방이 여기저기가 찢겨 있었다.

'이것들이…….'

가뜩이나 힘든데 펑크까지 때우려니 갑자기 짜증이 났다. 눈에 보이면 돌팔매질이라도 하고 싶었지만 녀석들은 집으로 돌아갔는지 보이지 않았다. 화가 머리끝까지 났지만 애초에 약을 올린 내 잘못이니 어쩔 수 없지. 마음을 가다듬고 수리를 마친 뒤 다시 산을 오르기 시작했다.

원래 계획상으론 내일 백복령을 넘으려고 했지만 그 녀석들 덕분에 뜻하지 않게 오늘 오르게 되었다. 하지만 오르막은 도중에 한 번 쉬면

근육의 운동량이 변해 힘이 빠지므로 다시 오르기가 쉽지만은 않았다. 게다가 코너를 돌때마다 이젠 정상이 보일 거라는 내 생각을 무참히 짓밟듯 눈앞에 보이는 건 더 가파른 오르막길이다. 짐칸에 실린 짐들을 다 던져버리고 싶을 만큼 절망적이었다. 티셔츠는 어느새 땀으로 흠뻑 젖었고 얼굴은 마치 세수라도 한 듯 땀방울이 송골송골 맺혔다.

'포기할까? 조금만 더 가볼까?'

너무 힘든 마음에 차 소리가 들리면 본능적으로 고개를 돌렸다. 정말 히치하이킹이라도 하고 싶은 심정이었다.

'조금만 더 참자, 조금만. 금방 끝날 거야.'

도중 쉬고 싶은 마음이 굴뚝같았지만 이를 악물고 계속 올라갔다. 그렇게 계속 오르다 보니 이상하게도 더 이상 힘들지 않다는 느낌이 들었다. 시간이 흐를수록 올라간다는 생각도 없이 무의식적으로 땅만 바라보며 페달을 밟았다. 그렇게 얼마나 올라왔을까? 정신을 차리니 어느 순간 지면이 평평해진 느낌이 들었다. 고개를 들어보니 나도 모르는 새에 어느덧 정상에 도착했다! 갑자기 웃음이 터져 나와 큰소리로 웃었다.

도중 몇 번이나 포기하고 싶었지만 정상이라고 적힌 간판을 보니 역시 자신의 힘으로 올라오길 잘했다는 뿌듯함이 밀려왔다. 이 기분, 달려보지 않은 사람은 절대 누릴 수 없겠지? 마침 정상에서 공사를 하던 아저씨들과 눈이 마주쳤다. 날 아주 신기하게 바라보는 눈빛이 느껴졌다.

"안녕하세요."

간단히 인사를 나눈 후 언덕을 넘어 다시 내리막을 달렸다. 힘들게 올라온 만큼 1시간 이상 지속되는 내리막길은 정말 꿀맛 같았다. 아마 그 녀석들의 도움(?)이 아니었다면 오늘 이런 기분을 맛보긴 힘들었겠지?

안장 각도

자전거의 안장은 많은 이들이 크게 신경 쓰지 않는 부분이지만 각도만 잘 맞추어도 주행이 많이 달라진답니다.

	일반적으로 안장의 각도는 수평으로 맞추어 줍니다. 오르막과 내리막에 두루 효율적인 주행이 가능하지요.
	하지만 언덕과 오르막이 많은 코스가 계속 이어지는 지형이라면 안장코 부분을 내려주는 편이 주행 시 더 효율적입니다.
	그와 반대로 다운힐이 많은 지형은 안장코 부분을 올려주는 것이 좋지요.

아르바이트

휴지가 다 떨어졌다! 동해에 도착할 무렵 쓰던 휴지가 바닥나 버려 반사적으로 주위를 두리번거리며 주유소를 찾기 시작했다. 자전거여행을 하며 제일 많이 들른 곳이 아마 주유소가 아닐까? 물이나 휴지가 필요할 때마다 주유소에 들렀고, 세수를 하거나 볼 일을 볼 때도 자주 이용했으니까. 주유소는 내게 있어 마치 아지트 같은 존재였다. 사장님이나 직원들과 이런저런 얘기를 하다 운이 좋으면 가끔 초콜릿 바, 배즙, 사탕, 요구르트 등 먹을 걸 챙겨주시는 분들도 계셨으니 말이다. 마침 길 양옆으로 주유소가 하나씩 보여 일단 가까운 쪽으로 들어갔다.

"여긴 휴지 같은 거 아예 없어요. 딴 데 가서 알아봐요."

주유소에 휴지가 없을 리 없지. 하지만 '세상에 공짜란 없다.'란 말이 있듯이 남에게서 무언가를 얻으려면 그만큼의 대가를 지불해야 하는 것이 당연한 이치이다. 내가 하고 있는 무전여행은 그 이치를 거스르는 행동이니 당연히 곱지 않은 시선으로 보는 사람도 많았다. 이젠 익숙해졌지만 그렇다 해도 이렇게 한 번 거절당하고 나면 조금 위축되기 마련인지라 얼른 털어버릴 겸 건너편 주유소로 향했다.

"자전거여행자구먼. 추운데 이리 들어와서 차나 한 잔 하고 가."

맞은편 주유소에 들어가니 직원인 듯해 보이는 할아버지께서 차 한 잔을 건네셨다.

"여기가 사거리 길목이라 그런지 자네 같이 자전거 타는 사람들이 많이 오거든. 휴지도 없지? 저기 있는 휴지 필요한 만큼 가져가. 여기저기 다니다 보면 많이 필요할 거 아녀."

어찌 이리 내 맘을 잘 아실까. 할아버지께서는 내게 필요한 것들을 말하지 않아도 척척 챙겨주셨다.

"저번에 자전거 타는 청년이 여기 와서 자네처럼 휴지 얻어갔거든. 그러고 나서 1년 정도 지났나? 그 청년이 다시 찾아 왔더라고. 별거 아닌 스쳐 지나가는 인연인데도 다시 찾아 와준 게 참 고맙더라고. 사람 인연이 다 그런 거 아니겠는가. 자네도 다음에 여기 지날 일 있음 한 번 들러. 내가 지금 78살이라 그때까지 여기 있을 진 모르겠지만. 그건 그렇고 어디로 가는 길이여?"

"묵호여객선터미널이요. 울릉도에 한 번 가보려고요."

"울릉도 가려면 뱃삯이 만만치 않을 텐데."

"괜찮아요. 어차피 뱃삯 때문에 잠깐 아르바이트를 하려고 했거든요."

주유소를 나와 묵호여객선터미널을 향해 달리는 길, 어떻게 돈을 벌까? 잠시 고민했지만 마음속으론 어느 정도 결론을 낸 상태였기에 일단 문방구로 향했다. 돈을 벌 수단으로 내가 선택한 것은 바로 캐리커처였다. 여주에서 할머니들의 초상화를 그려드린 일로 어느 정도 가능할 거라 판단했기 때문이다. 문방구에서 책받침과 A4용지를 구매한 뒤 인근의 공원으로 찾아갔다. 장소를 공원으로 택한 이유는 사람들이 휴식을 위해 찾는 장소이기 때문이다. 바쁘게 움직이는 도심 한복판에서 이 짓을 한다면 100% 실패할 게 뻔하니까.

날씨가 좋지 않아서인지 공원 안엔 사람이 많지 않았다. 대부분이 할아버지와 할머니였고 중간 중간 산책 나온 아주머니들이 몇 분 계시는 정도랄까. 처음이라 떨리기도 했지만 뭐든지 처음 한번이 가장 어렵기 때문에 일단 벤치에 앉아계시는 아주머니께 한 번 들이대 보기로 했다.

　"안녕하세요. 전 무전여행 중이고 그림을 전공한 학생인데요. 혹시　
　캐리커처 한 장 어떠세요?"

　"네? 아, 아뇨. 됐어요."

아주머니께서는 당황해 하시더니 이내 손 사례 치며 거부하셨다. 하긴, 휴식을 위해 공원에 온 사람들에게 갑자기 이런 식으로 다가가는 것도 실례가 될지 모른단 생각이 들었다. 그렇지만 나 역시 포기할 수 없는 상황이었기에 계속해서 시도해보았다. 하지만 이상하게도 연이어 실패만 거듭했다.

　'원인이 뭘까? 꾀죄죄한 옷차림일까, 아님 인상 때문일까?'

거듭된 실패로 풀이 죽을 무렵, 안 되면 인력사무소를 찾아가 보기로 하고 마지막으로 모자를 쓰신 멋쟁이 할아버지께 다가갔다. 그리고 할아버지께 이제껏 왜 실패했는지에 대한 해답을 들을 수 있었다.

"야, 이놈아. 다짜고짜 그러면 니가 그림을 얼마나 잘 그리는 놈인지 어떻게 아냐. 뭔가 그려놓은 거라도 한 장 보여줘야 될 거 아녀!"

'아! 샘플이 필요하겠구나. 마음만 급해서 그런 생각은 전혀 못했네.'

곧장 주변에 널린 전단과 신문을 뒤지기 시작했다. 이왕 그릴 거면 모두가 다 아는 사람이어야겠지? 여러 명의 후보를 고르고 골라 박지성 선수를 선택한 뒤 샘플제작을 완료했다. 대한민국 사람치고 박지성 선수를 모르는 사람은 없겠지! 다시 멋쟁이 할아버지께 다가가 샘플을 보여드리며 의사를 여쭤보았다.

"음. 박지성이구먼. 괜찮네. 나도 한 장 그려 줘봐."

"감사합니다!"

드디어 맞은 첫 손님! 직접 사람을 앉혀놓고 캐리커처를 그리긴 처음이라 살짝 긴장되기도 했지만 잘 그려드려야겠단 생각에 정말 집중해서 열심히 그림을 그렸다. 이윽고 30여 분이 흘렀고 할아버지께 그림을 건네 드렸다.

"잘 그렸네. 맘에 들어."

'야호! 성공이다!!!'

"근데 돈은 얼마나 주면 되는 거여?"

아차. 그림 그리는 데만 정신이 팔려 얼마를 받을지는 아직 생각해보지 않았기에 순간 당황하고 말았다. 얼마가 적당할까?

"내 생각엔 5천 원 정도면 적당할 거 같은디."

"음…….. 좀 많은 것 같은데요?"

"아녀. 그 정도는 받아야지. 근데 내가 지금 돈이 없거든. 너 내일도
여기 올 거냐?"

"네. 아마도 그럴 거 같아요."

"그럼 내일 보자."

그러면서 할아버지께서는 뒤도 보지 않고 돌아서 가버리시는 게 아닌
가! 순간 어이가 없었다. 이게 뭐야. 혹시 내일 안 오시는 거 아니야?
하지만 붙잡고 따지기도 뭐한 상황이라 보내드릴 수밖에 없었다. 믿
고 기다리는 수밖에. 그 뒤로도 공원의 다른 분들께 시도해 보았지만
계속 허탕만 쳤다. 결국 저녁이 되어 허탈한 마음으로 공원에 텐트를
치고 잠자리에 들었다.

'오늘 하루 공쳤구나. 내일은 좀 잘 되어야 할 텐데. 그나저나 그 할
아버지, 내일 정말 오실까? 왠지 안 오실 거 같은데…….'

다음날 아침, 다시 영업을 시작했고 오전에 3명 정도 그리긴 했지만
그 뒤론 더 이상 손님이 없었다. 자리가 안 좋은 건가? 왠지 맥이 빠
져 의자에 걸터앉아 잠시 하늘을 바라보았다. 그냥 인력사무소나 찾
아갈걸. 괜히 쓸데없는 짓을 한 것 같은 기분도 들었다. 지금이라도
때려치우고 그냥 가자! 의자에서 막 일어서려는 찰나,

"어이. 장사 잘되냐?"

"어? 할아버지 오셨네요!"

때마침 멋쟁이 할아버지께서 다시 공원으로 오셨다. 사실 다시 오실 거라 생각하진 않았기에 좀 놀란 마음도 있었다. 할아버지 뒤론 친구 분들로 보이는 몇 분이 더 계셨다.

"어제 그림 보여주니까 애네들도 그리고 싶다 길래 데려왔어."

"와. 정말요? 감사합니다. 할아버지!!"

순간 멋쟁이 할아버지께 감사한 마음과 동시에 죄송한 마음이 들었 다. 이럴 줄도 모르고 하루종일 의심만 했으니 말이다. 그렇게 할아버 지 친구분들을 그려드리기 시작한 뒤로 공원에 막 들어온 사람들도 궁금한지 주변에 슬슬 모여들기 시작했다. 그 결과 손님이 끊이지 않 게 되었고, 비록 시간이 오래 걸리긴 했지만 오늘 하루에만 14장을 그리게 되었다. 이게 다 할아버지 덕분이었기에 할아버지께 몇 번이 고 감사인사를 드렸다.

"젊은 놈이 재밌게 열심히 사는 거 같아 보기 좋구면."

그리고 공원에 온 지 3일째, 드디어 목표했던 10만 원을 채우게 되었 다. 이제 울릉도로 갈 수 있겠구나! 내 힘으로 돈을 벌었다는 뿌듯함 때문인지 날아갈 듯한 상쾌한 기분이었다.

제동

자전거를 탈 때 반드시 숙지해야 할 것 중 하나가 두 개의 브레이크 레버 중 어느 쪽이 앞바퀴이고 뒷바퀴인지 아는 것입니다. 예전에는 일반적으로 왼쪽 레버가 뒷바퀴, 오른쪽 레버가 앞바퀴였습니다. 하지만 얼마 전 규정이 바뀌어 최근에 생산된 자전거는 왼쪽 레버가 앞, 오른쪽 레버가 뒤로 변경되었지요.

자전거를 타다 보면 종종 급정지하게 될 경우가 생깁니다. 물론 급정지는 가급적 삼가는 게 좋겠지만 부득이하게 급정지를 하게 될 경우 먼저 양쪽 브레이크레버를 살짝 당겨준 후 2번에 걸쳐 앞, 뒷바퀴에 제동을 거는 게 안전하답니다.

저의 경우엔 몇 번 넘어지고 난 이후 내리막길을 내려갈 땐 항상 뒷브레이크를 잡아줍니다. 왜냐하면 자전거의 무게중심은 앞쪽보다 뒤쪽에 더 실려 있기 때문입니다. 빠른 속도로 나가던 중 앞바퀴에 급제동을 건다면 자전거가 전복되거나 사고가 나기 쉽습니다.

울릉도 입성

드디어 묵호여객선터미널에 도착했다. 며칠 동안 씻지 못했던지라 터미널 화장실에서 간단히 씻은 뒤 표를 사기 위해 창구가 열리기를 기다렸다. 날씨가 썩 좋지 않은 터라 운항이 취소될지도 모른다고 했으나 다행히 출항이 결정되어 얼른 표를 샀다. 이 표한 장을 사기 위해 얼마나 많은 시행착오를 겪었던가. 표를 손에 쥐고 있으니 그야말로 감개가 무량하다. 잃어버렸던 지갑 찾은 것 마냥 뿌듯하고 가슴이 마구 방망이질 쳤다. 그리고 천천히 식사를 하고 있는데 갑자기 한 아저씨께서 내게 말을 건네셨다.

"저기, 사진 한 장 찍어도 돼요?"
"네? 저를요?"

아저씨께서는 옆에 있던 내 자전거와 짐 꾸러미를 유심히 보시며 말을 이었다.

"네. 젊었을 때 저도 이런 여행 해보고 싶었는데 못해봐서 미련도 남고, 막상 보니 좀 신기하기도 해서요."

흔쾌히 허락한 뒤 아저씨와 함께 사진을 찍었다.

"울릉도 주민이세요?"

"아뇨. 전 일 때문에 잠깐 가는 거예요."

"아. 그렇군요. 그럼 같은 배 타고 가겠네요."

"네. 그럼 전 일행이 있어서. 이따 봬요."

아저씨께서는 일행이 있는 곳으로 돌아가셨다. 그런데 식사를 마치고 뒷정리를 하는데 갑자기 터미널 안이 소란스러워지기 시작했다. 무슨 일이지? 고개를 돌려보니 영화배우 김민준과 이영은, 가수 2am이 터미널로 들어오는 게 아닌가! 연예인이라곤 초등학생 때 집 앞 속옷가게에서 사인행사를 하던 배영만 아저씨밖에 본 적이 없던 터라 나도 신기한 마음에 냉큼 달려갔다. 알고 보니 그들은 『태극기 휘날리며』라는 월드컵 특집 TV 프로그램 촬영차 독도에 들어가기 위해 이곳에 온 거였다.

'혹시 TV 출연하는 거 아냐?' (김칫국을 마시며 여행을 마치고 집에 돌아와 확인해봤지만 코빼기도 비치지 않았다.)

자전거로 인해 추가요금을 내야할지도 모른다 생각했지만 다행히도 그런 일은 없었다. 이윽고 출항이 시작됐다. 페리를 타본 건 고등학교 수학여행 이후 처음이라 살짝 흥분되기도 했다. 하지만 출항한 지 얼마 되지도 않았는데 배가 심하게 요동쳐 속이 점점 뒤집히기 시작했다. 창밖을 내다보니 바람이 거세게 부는지 파도가 요란스럽게 출렁거리고 있다. 속이 메슥거리는 게 금방이라도 즉석 피자 한판을 만들 것 같은 느낌이었다.

몇 시간을 달려 배는 무사히 울릉도 도동항에 도착했고 그제야 좀 살 것 같은 느낌이었다. 배 멀미 따윈 하지 않을 줄 알았는데……. 조금이라도 빨리 흔들리는 배에서 내리고 싶었지만 자전거가 있었기 때문에 난 마지막에 내리게 되었다. 이윽고 울릉도의 풍경이 내 눈앞에 펼쳐졌다. 하지만 금방이라도 비가 쏟아질 듯 짙은 먹구름이 몰려와 하늘을 온통 뒤덮고 있었다.

터미널에서 만났던 아저씨는 어디 계시려나? 혹시나 싶어 아저씨를 찾아보니 연예인들과 함께 있었다. 그리고 아저씨의 어깨에 있는 커

다란 카메라. 아저씨는 방송국 카메라맨이었던 것이다. 아저씨께서
도 날 발견했지만 촬영 중이라 대화는 할 수 없었고 어깨를 살짝 두드
려 주곤 이내 촬영팀으로 돌아갔다.

울릉도관광안내소에서 소형지도를 받아들고 자전거 페달을 밟았다.
마치 신대륙을 발견한 탐험가처럼 괜스레 기분이 설렌다. 울릉도는
내게 어떤 모습으로 다가올까?

좋아,
힘차게
출발~!

울릉도에 도착한
기쁨도 잠시.

울릉도는 나라분지를 제외한 모든 곳이
경사면이었다.

전조등, 후미등

어두운 밤에 길을 밝혀주는 용도와 더불어 운전자에게 자신의 존재를 알리기 위한 목적으로 사용하는 전조등과 후미등은 자전거여행 시 꼭 필요한 필수품입니다. 터널이나 가로등이 없는 시골길, 우천이나 안개로 인해 시야 확보가 잘 되지 않은 곳을 지날 경우 그 효용성은 말할 필요도 없겠지요.

좀 더 안전에 유의하고 싶다면 경광봉이나 반사등이 부착된 야광조끼를 함께 사용하는 것도 좋은 방법입니다.

Episode 51.

길고 긴 하루 上

'휴. 어쨌든 가자.'

아침부터 꾸물꾸물하더니 이내 한바탕 비가 퍼붓기 시작했다. 오자 마자 비를 맞으며 달리는 게 썩 내키지는 않았지만 비가 그칠 낌새도 없어 일단은 달리기로 했다. 관광용 세부지도를 보며 시계반대방향 으로 울릉도 일주를 하기로 결정한 뒤 저동을 지나 섬목으로 향했다. 그런데 이상한 건 관광용지도에 표기된 길의 색깔이었다. 다른 곳은 전부 하얀색으로 표시되어 있는데 이상하게 저동에서 섬목으로 가는 길만 흙 색깔 길로 표시되어 있었다.

'뭐지? 비포장도로란 뜻인가?'

좀 의아하긴 했지만 일단 가보면 알겠지 싶어 더 이상 고민하지 않고 출발했다. 이내 저동을 지나 내수전을 향해 가는 길, 비포장도로가 나타났다. 어차피 예상하던 바였기 에 비포장도로를 따라 산속으로 들 어갔다. 그런데 이상하게도 길이 점 점 좁아지기 시작했고 급기야 안으 로 들어갈수록 한 사람이 겨우 다닐 정도의 폭으로 좁아지는 게 아닌가.

어쨌든 지도상으론 이 길을 쭉 따라가면 섬 반대편인 섬목에 당도할 수 있다고 판단했기에 밀고 나가기로 결정했다. 좁은 산길이라 자전거를 탈 수도 없어서 자전거를 손으로 밀며 천천히 길을 따라갔다. 그렇게 2시간이 지나자 확실히 길을 잘못 들었다는 확신이 들었다. 이상하게도 계속 길을 따라가면 따라갈수록 점점 숲이 무성해지고 사람의 인적이 끊긴 듯한 느낌이었다.

'아까 갈림길에서 왼쪽으로 갔어야 했나?'

비를 맞은 몸은 차갑게 식어가기 시작했고 험한 산길을 가다 보니 체력은 금세 바닥을 보였다. 더구나 산길은 비에 젖어 발걸음을 옮길 때마다 흙길에 미끄러지기 일쑤였다. 이쯤 되면 돌아갈 법도 한데 여기까지 온 게 아까운 생각이 들었다. 어쨌든 길은 통한다는 믿음 아래 끝까지 한번 가보기로 했다.

그렇게 산길을 계속 내려가던 중 결국 일이 터지고야 말았다. 가파른 내리막길을 짐이 실린 자전거와 함께 가다가 그만 발을 헛디디고 말았다. 그와 동시에 60도 경사의 비탈면을 자전거와 함께 굴러 떨어지기 시작했다.

"으아아아아아악!!!!!!!!"

죽을 때가 되면 그동안 있었던 일들이 주마등처럼 스치고 지나간다던데, 몸에 부딪히는 돌과 나무들 때문일까? 오직 아프단 생각밖에 들지 않았다. 거기다 가속력이 더해져 낙하속도는 점점 더 빨라져 갔다. 그렇게 얼마간 굴렀을까?

'틱!'

소리가 나는 쪽을 보니 내 앞쪽으로 굴러가던 자전거의 체인이 나무 뿌리에 걸려 멈춰있는 게 보였다. 생존본능이 발동했는지 나도 모르게 반사적으로 몸을 비틀어 자전거 바퀴를 향해 손을 뻗었다.

곧바로 정신을 차리지 못하고 한동안 멍하니 누워 비 내리는 하늘을 바라보았다. 심장이 요동쳤다.

'만약 체인이 나무뿌리에 걸리지 않았다면 난 어떻게 됐을까? 정말 죽었을지도 몰라!'

그야말로 위기일발의 상황이었다. 심호흡을 하며 놀란 가슴을 가까스로 진정시킨 뒤 천천히 몸을 일으켜보았다. 등이 따가워 고개를 돌려보니 심하게 쓸린 상처가 있었다. 옷은 여기저기 찢어지고 자전거 가방은 지퍼가 벌어져 금방이라도 터질 것 같았다. 자전거 역시 꼴이 말이 아니었다. 브레이크 케이블 선은 터져있고 핸들은 180도 반대방향으로 돌아가 있었다. 그 처참한 모습에 한숨만 나왔다.

'이제 여행도 끝이구나. 자전거도 망가지고. 나도 망가지고.'

난 왜 이렇게 막무가내일까? 잘못된 걸 알아차린 순간 돌아갔다면 이런 일은 없었을 텐데, 이렇게 큰일이라도 당하지 않는 한 정신을 못 차리는 자신이 한심하게 느껴졌다. 모든 걸 던져버리고 그냥 그 자리에 누워버리고 싶었다.

하지만 그렇게 생각하는 내 마음속 한구석엔 나약해진 내 마음을 다시 다잡으라고 말하는 내가 있다. 아무도 없는 이 산속에서 지금의 날 다시 일으켜 세울 사람도, 지금의 날 구할 수 있는 사람도 오직 나 자신뿐이니까. 마음을 다잡고 다시 자전거를 끌고 내려가기 시작했다. 내려오는 도중에도 자전거는 자꾸 미끄러져 균형을 잡기 힘들었다. 그때마다 무거운 자전거에 내 몸까지 딸려 내려가 몇 번을 더 넘어지고 말았다. 앞브레이크도 망가졌기 때문에 브레이크를 잡을 수도 없는 상황이다. 순간 가까스로 억누르고 있던 화가 폭발했다. 이건 더이상 자전거가 아니라 그냥 짐일 뿐이다. 그냥 아래로 던져버릴까? 충동적으로 자전거를 들어올렸다 내려놓길 몇 차례 반복하다 결국 힘이 빠져 자리에 주저앉고 말았다.

'나도 참 못났구나. 내 마음 하나 주체하지 못해서 빌빌대는 꼴이라니.'

다시 한 번 깊게 심호흡을 하며 참을 인을 마음속에 새겨 넣었다. 그래. 자기 최면을 걸자. 이 숲길을 내려가면 아름다운 미녀가 활짝 웃는 얼굴로 날 기다리고 있을 거야. 그리하여 5시간의 사투 끝에 절벽을 따라 산에서 내려올 수 있었다. 하지만 기쁨도 잠시, 내 눈앞에 펼쳐진 건 사방이 절벽으로 막힌 해안가였다.

혹시나 도로로 이어지는 길이 있지 않을까 하는 마음에 해안가를 샅샅이 뒤져보았다. 그러다 회색 콘크리트 건물 하나가 눈에 띄어 얼른 달려가 보았다. 그러나 내 기대와는 달리 출입문은 모두 폐쇄되어 있었다. 건물의 정체는 예전 군부대가 사용하던 초소로 안엔 아무것도 없는 듯했다. 나는 더 이상 움직일 힘도 없었다.

Episode 60.
길고 긴 하루 下

이제 어떡하면 좋을까? 아무리 생각해도 지금으로선 이 절벽을 빠져 나갈 힘이 내겐 남아 있지 않았다.

최후의 수단을
쓸 수밖에...

하필 이럴 때 또 휴대전화의 배터리는 한 칸도 남지 않아서 자꾸 조바심이 났다.

'끊기면 어쩌지? 제발 연결되라. 제발!!!'
"여보세요?"

됐다! 전화를 받자마자 전원이 꺼질세라 속사포로 랩을 하듯 빠른 속도로 지금의 내 상황과 위치를 알렸다. 하지만 이내 전화가 끊기고 말았다. 다 알아 들었을까? 과연 구조하러 올까? 이제 하늘에 맡기는 수밖에 없다. 이제 내가 할 수 있는 일은 더 이상 없다. 운명에 맡기고 기다리는 수밖에……. 하지만 한 시간이 지나도 구조대의 모습은 코빼기도 보이지 않는다. 사방은 점점 어두워지고 등대에 불이 켜지기 시작했다. 운명은 날 버린 걸까? 전화가 생각보다 일찍 꺼진 걸까?

결국 난 탈출할 수 없는 건가? 이제 난 어떡하면 좋단 말인가.

'뿌우우우'

그때였다. 순간 내 귀를 의심했다. 잘못 들었을까? 하지만 뱃고동소리는 내가 있는 쪽으로 점점 가까워지고 있었다.

'감사합니다. 감사합니다! 앞으로 정말 바르게 살겠습니다!!!'

저녁 7시경, 어선을 타고 온 119구조대에 구조되었다.

"날씨가 안 좋아서 배가 수배되질 않았거든. 한참 애먹던 차에 여기 선장님이 다행히 출항을 허락하셔서 겨우 데리러 올 수 있었어."

곧바로 선장님과 119구조대 분들께 진심으로 감사의 인사를 건넸다. 배가 수배되지 않아 구조되지 못했다면 아무것도 없는 해안가에 꼼짝 없이 갇혀 있을 운명이었으니.

"아까 갇혀 있던 곳이 '와달리'라는 곳이야. 원래 통행 금지된 구역인데 어떻게 거기까지 들어간 거야?"

"갈림길에서 길을 잘못 든 것 같아요. 죄송합니다."

"죄송하긴. 그래도 절벽에서 굴렀는데 크게 안 다쳤으니 다행이네. 이런 것도 다 추억이지. 울릉도에서 잊을 수 없는 추억 하나 만들고 가네. 하하."

무지하게 혼날 거라 예상했건만, 구조대분들은 농담을 하시며 긴장한 내 마음을 풀어주셨다. 이윽고 저동항에 도착해 자전거를 내리고 다시 한 번 모두에게 감사인사를 드렸다.

"근데 자전거는 안 망가졌어?"

"네. 브레이크가 망가졌어요. 이제 그냥 집에 가야할 것 같아요."

"아니. 이 정도는 고칠 수 있을 것 같은데?"

"네?"

"나도 자전거 타는 사람이거든."

그러시더니 집으로 자전거를 가져가셔서 떨어진 브레이크 케이블 선을 다시 연결해 주시고 돌아간 핸들도 다시 조여 주셨다. 자전거 수리에 대해 아무런 기본지식이 없던 난 그저 신기한 눈으로 자전거가 멀쩡해지는 모습을 바라보았다. 알고 보니 그분은 울릉도 자전거 동호회인 '울릉MTB'의 운영자셨다!

"자. 이 정도면 타는 덴 무리 없을 거야."

"우와~, 감사합니다. 이제 정말 끝이라 생각했는데."

끝난 줄 알았던 자전거여행, 그 불씨가 다시 살아나는 순간이었다. 시간은 흘러 어느덧 저녁 8시가 되었다. 온몸이 비와 흙에 범벅이 되고 옷은 군데군데 찢어졌다. 말 그대로 거지꼴을 한 채로 비를 맞으며 저동항을 맴돌았다. 어딘가에 텐트를 치고 싶었지만 짐까지 모두 젖은 상태라 어떡해야 할지 대책이 서지 않았다. 그렇게 도시 이곳저곳을 기웃거리다 마침 교회 하나가 눈에 띄었다.

여태껏 살면서 교회 꼭대기에 걸린 십자가가 그렇게 찬란히 빛나 보인 적은 처음이었다. 일단 교회로 들어가 그간의 사정을 말씀드리고 양해를 구해보기로 했다.

"저런, 큰일 날 뻔했네. 마침 빈방이 있으니까 얼른 들어가 몸 좀 녹여요."

너무 거지꼴로 찾아간지라 내심 조마조마했건만 다행히도 목사님께
서는 흔쾌히 허락하셨다.

　"그리고 김밥이랑 어묵 시켜놨으니 따끈한 국물 마시며 몸 좀 추스
　르고 자요."

목사님의 배려로 고픈 배와 지친 마음을 달랜 후 이내 잠자리에 누웠
다. 따뜻한 밥, 안락한 잠자리. 아주 편안했다. 침낭을 푹 뒤집어쓰고
잠을 청하려 했다. 그런데,

긴장이 풀려서인지
온몸이 떨려왔다.

다행....
이다.

흑흑.
다행이다.

지금 살아 숨 쉬고 있다는 사실,
당연하게만 여겼던 이 순간들을
지금만큼 감사히 느낀 적이 또 있을까.

부품등급

자전거 부품계의 대표적인 회사를 꼽으라면 단연 시마노(Shimano), 스램(Sram)입니다. 그 밖에 로드바이크 계열에선 캄파놀로(Campagnolo)가 있지요. 대부분의 자전거가 위 회사들의 부품을 사용한다 해도 과언이 아닙니다. 각 회사별 부품등급 또한 다르답니다.

시마노의 MTB 부품등급은 Tourney 〈 Altus 〈 Acera 〈 Alivio 〈 Deore 〈 LX 〈 HONE 〈 XT 〈 SAINT 〈 XTR 순이며 XTR급 자전거는 그 가격이 상상을 초월한답니다(참고로 전 Acera급 자전거로 여행했습니다.).

스램의 MTB 부품등급은 X3 〈 SX4 〈 SX5 〈 X7 〈 X9 〈 XO 〈 XX 순이지요.

부품의 등급이 높을수록 가격이 높고 성능 또한 뛰어납니다. 당연히 비싸고 좋은 자전거라면 좀 더 편하게 여행할 수 있을 겁니다. 하지만 무엇보다도 가장 중요한 건 자신의 '체력과 의지' 겠지요?

Episode 61.

생명의 위협

교회에서 단잠을 자고 아침에 일어나보니 다행히 어제와 달리 해가 쨍쨍하다. 교회에 자전거와 짐을 놔두고 간단히 카메라와 모자 정도 만 챙긴 뒤 밖으로 나왔다. 오늘은 자전거가 아닌 도보로 울릉도를 돌 아보기로 했다. 어제의 일 때문인지 오늘 바로 자전거를 다시 탄다는 게 왠지 두렵기도 했고, 99%가 경사도로인 울릉도를 자전거로 돌아 보는 건 무리라고 판단했기 때문이다. 일단 버스를 타고 섬의 끝자락 인 섬목 근교까지 한 번에 간 후 천천히 걷거나 히치하이킹을 하기로 계획하고 버스정류장으로 향했다.

함께 버스를 탄 50대 후반의 부부 역시 울릉도 관광객이어서 그들과 버스를 타고 가며 이런저런 얘기를 나누었다. 하지만 버스 창문 너머 로 내리쬐고 있는 따스한 햇볕 때문인지 그분들은 탄 지 20분 만에 서로 사이좋게 잠이 드셨다. 나 역시 졸음이 쏟아졌지만 울릉도의 풍 경을 놓치고 싶지 않았기에 허벅지를 꼬집어가며 잠을 쫓았다.

버스를 타며 바라본 울릉도의 풍경은 처음 보는 것들이 많았는데 그 중에서도 터널이 이색적이었다. 신기하게도 터널에 신호등이 달려있 었는데 한쪽이 지나갈 때까지 한쪽은 기다리는 방식이다. 터널 안은 딱 차 한 대가 들어갈 정도의 공간이었다. 좁은 해안도로이기 때문인지 도로 폭이 일반 2차선 도로에 비해 많이 좁다는 생각을 했는데 터널 역시 그런 환경에 맞춰 만들어진 것 같았다.

어느덧 섬목 근처의 천부터미널에 도착했다. 섬목 끝까지는 버스가 들어가지 않기에 여기서부턴 도보로 돌아다니기로 했다. 버스가 도착하자 두 부부도 잠에서 깨어 우리는 함께 버스에서 내렸다.

"일단 식사부터 하지? 점심시간인데."

두 부부는 식당을 찾기 시작했다. 이 기회를 놓칠 내가 아니지! 바로 달라붙어 점심식사를 얻어먹게 되었다. 따개비 칼국수라는 이름의 이 음식은 따개비를 넣어 만든 칼국수인데 울릉도에서 맛볼 수 있는 대표적인 음식이라고 한다. 면도 쫄깃하고 국물도 얼큰해 든든히 한 끼를 때울 수 있었다. 배도 채웠으니 천천히 섬목 방향으로 걸어가 볼까? 울릉도는 육지와 떨어져 사방이 바다로 둘러싸여 있었다. 시원하게 뚫린 바닷길을 걷고 있자니 어제의 상처와 고통도 금세 회복되는 것만 같은 느낌이다.

가는 길에 세 개의 바위가 나란히 바다에 우뚝 솟아있는 모습이 보였다. 이 바위의 이름은 삼선암으로, 세 선녀가 이곳에서 노닐다 때를 놓치고 돌아가지 않자 화가 난 옥황상제가 선녀들을 바위로 만들어버렸다는 전설이 있는 곳이었다. 두 개의 큰 바위 옆에 유난히 작은 바위가 있는데 이 바위가 막내 선녀라고 한다.

섬목에 들른 다음으론 울릉도 여행의 하이라이트라 불리는 성인봉 등반을 하기로 결정했다. 나리분지까지 올라가는 버스도 당연히 있었지만 때마침 올라가는 트럭이 있어 히치하이킹으로 나리분지까지 쉽게 오를 수 있었다.

'울릉도에도 평지가 있긴 있구나.'

온통 경사지뿐이던 울릉도에서 평지를 만나니 왠지 이질적인 느낌이 들었다. 곧바로 성인봉 등반을 하려던 차에, 마침 내려오는 등반객을 만나 조언을 구했다. 등반을 하려면 최소 4시간 이상은 잡아야 한다는데 내가 나리분지에 도착한 시간은 오후 2시였다. 아마 지금 등반을 시작하면 왠지 하산할 즈음엔 해가 질 것이다.

'아쉽지만 다음을 기약해야지.'

내려가는 길에는 나물 캐러 오신 50대 아주머니의 차를 얻어 타게 되었다. 아주머니는 20대에 울릉도에 시집오게 되셨다고 한다. 시집 올 당시엔 섬 주변에 도로가 생기지 않았을 때라 어딜 가려면 항상 배를 타야 했었기에 무척 힘들고 불편하셨다며 이런저런 이야기를 들려주셨다.

그렇게 차를 타고 가는데 갑자기 차에서 이상한 소리가 나기 시작했다. 아주머니께서는 산세가 험한 지형인 만큼 브레이크를 자주 밟으며 내려갔는데 브레이크를 잡을 때마다 차에서 굉음이 계속해서 들렸다. 조금 지나면 괜찮아 질 줄 알았더니 급기야 굉음은 점점 더 큰 소리로 귀를 울리기 시작했다. 아주머니께서는 운전 중 휴대폰을 켜시곤 카센터에 전화해 원인을 여쭤보셨다.

"브레이크를 얼마 전에 갈았거든. 그래서 길들이려면 4일 정도 지나
야 된다고 하네."

그때를 기점으로 아주머니의 멀티플레이가 시작됐다. 갑자기 사과를
꺼내시더니 한 손으로 사과를 드시며 한 손으론 운전을 하셨다. 그뿐
아니라 사과를 다 드신 후엔 밥을 꺼내더니 식사를 하며 운전을 하시
는 게 아닌가!

아주머니께서는 차선을 이리저리 넘나들며 곡예 운전을 하셨고, 차
는 벽면을 아슬아슬하게 스쳐 지나가고 있었다. 뒷좌석에 앉은 난 카
레이서 뺨치는 아주머니의 운전 실력에 아연실색할 수밖에 없었다.
더구나 울릉도의 도로는 일반도로보다 더 좁았던 탓에 커브를 돌 때
마다 옆으로 보이는 절벽의 경사면 때문에 숨이 멎는 듯했다. 한순간
만 실수해도 낭떠러지로 떨어질 판에 계기판의 바늘은 점점 더 올라
가고 있었다. 난 겁에 질려 있는 반면 아주머니께서는 너무나 태연한
얼굴로 식사를 하며 한 손으로 유유자적하게 커브를 도신다.

"자. 다 왔어."

"가, 감사합니다."

울릉도에 온 지 고작 이틀밖에 되지 않았는데 벌써 두 번이나 생명의
위협을 느끼다니!!

서스펜션

'샥' 이라고도 하는 서스펜션은 노면에서 전달되는 충격을 완화해주고
노면과의 접지력을 높여 보다 안전하고 편안한 주행을 하도록 도와주
는 부품입니다. 일반적으로 앞뒤 모두 장착된 풀 서스펜션, 앞바퀴에만
샥이 장착된 하드테일, 그리고 앞과 뒤 모두 샥이 없는 리지드 포크로
분류됩니다.

풀 서스펜션은 보통 일반 생활자전거나 다운힐
위주의 자전거에 많이 사용됩니다. 앞뒤로 완충작
용이 되므로 주행이 편리하고 안정적이지요. 반면
에 서스펜션이 페달링에 전달되는 힘을 잡아먹기
때문에 주행에는 비효율적인 면이 있습니다.

그와 반대로 리지드 포크는 서스펜션으로 인한 힘의
낭비가 없기에 속력을 내기 적합한 로드레이스용 자
전거에 많이 사용되지요. 하지만 속도는 빠른 반면 고
르지 못한 노면에서의 주행은 다소 불안한 편이지요.

하드테일은 앞바퀴에만 서스펜션이 장착되어 있으므로
거친 노면을 달리거나 속도를 낼 때에도 두루 효율적입니다. 전 하드테
일 제품을 타고 여행했지요.

고민

하루 동안 히치를 하며 울릉도를 돌다 보니 어느덧 도동항까지 오게 되었다. 도동항엔 무엇이 있을까? 여기저기 서성대던 중 근처에 독도 박물관이 있다는 정보를 얻게 되었다.

'독도박물관인데 독도가 아니라 울릉도에 있네?'

좀 의아하기도 했지만 좁은 독도 땅에 박물관을 설치한다는 것 자체가 거의 불가능했을 것이다. 박물관 안으로 들어가 보니 마침 관광객들을 상대로 해설하고 있는 모습이 보였다. 설명을 들으며 관람하는 것과 그렇지 않은 것의 차이는 전주의 숲 연구가 아저씨를 통해서도 확실히 느꼈기에 사이에 끼어 같이 설명을 듣기로 했다.

"이상으로 해설을 마치겠습니다."

해설이 끝난 뒤 모두와 함께 박수를 쳤다. 해설을 들으며 관람하는 박물관은 역시나 흥미로웠다. 박물관을 나와 다시 교회가 있는 저동 방향으로 가는데 마침 퇴근하시는 해설가 아주머니와 마주치게 되었다.

"안녕하세요. 여행 중이세요? 반갑습니다."

"저도요. 해설 재밌게 잘 들었어요."

"고마워요. 어디서 오셨어요?"

"울산에서요. 자전거 무전여행 중이에요."

"정말요? 무전여행이라는 단어, 정말 오랜만에 들어보네요. 요새 무전여행하기 쉽지 않을 텐데. 그럼 저희 집에서 하루 묵고 가실래요?"

그 말을 듣는 순간, 대둔산에서의 일이 떠올랐다. 두고두고 후회하고 있던 그 기억. 이번엔 망설이지 않고 우렁차게 대답했다.

"네. 감사합니다!!"

그렇게 가게 된 곳은 저동항의 한 게스트하우스였다. 게스트하우스의 이름은 '어택 캠프'로 아직 오픈 준비 중이던 이곳에 내가 첫 손님으로 초대되었다. 인테리어가 나무로 되어 있어서 그런지 처음 온 곳이었음에도 낯설거나 인공적이지 않고 오히려 친숙한 느낌이었다.

게스트하우스에 마침 남편분도 계셔서 인사를 드리게 되었다. 두 분은 네팔 여행 중 만난 게 인연이 되어 결혼까지 하게 되었다고 하셨다. 식사 후 이런저런 대화를 하게 되었는데 알고 보니 두 분 모두 이곳저곳 안 가본 곳이 없는 배낭여행의 고수였다.

그날 밤, 침대에 누워 앞으로의 일정에 대해 생각해보았다.

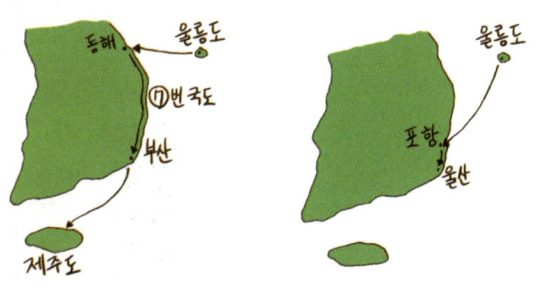

동해시로 돌아가 7번 국도를 따라
부산에서 제주도로 갈까?

아니면 포항으로 들어간 뒤
울산으로 복귀할까?

으. 맘 같아선 제주도로 가고 싶지만 자전거랑 가방도 엉망이고, 게다
가 몸도 성치 않으니. 어떻게 하지?

여행자보험

여행을 하며 즐거운 일과 좋은 추억만을 남기고 돌아온다면 더없이 좋겠지요. 하지만 혹시 모를 상해, 분실사고가 염려된다면 여행자보험에 가입해둘 것을 권합니다.

사고로 다칠 경우 의료서비스를 받을 수 있으며, 분실이나 도난사고를 당했을 경우에도 인근 경찰서에서 분실 확인서를 받으면 보상을 받을 수 있으니까요. 최근에는 자전거보험을 비롯해 일일여행자보험부터 1년 가입이 가능한 여행자보험까지 다양한 종류의 보험이 출시되고 있지요. 자신의 여행일정과 상황에 맞춰 꼼꼼히 따져본 후 가입하기 바랍니다.

Episode 63.

마지막 일출

빠 — 앙

울릉도에서도 많은 사람을 만났다.

날 구해주신 소방대원분들, 자전거를 수리해 주신 울릉MTB 형님, 거지꼴로 찾아 온 날 따뜻하게 맞이해주신 목사님, 게스트하우스의 첫 손님으로 날 초대해주신 아버님, 어머님까지. 이분들이 없었다면 아마 여행을 포기한 뒤 버스를 타고 집으로 돌아갔겠지? 많은 이들의 도움으로 또 다시 페달을 밟을 수 있게 되었다. 하지만 아쉽게도 몸 상태와 자전거, 가방 등의 문제로 제주도에 가진 못하고 결국 집으로 돌아가기로 결정했다.

멀어지는 울릉도의 풍경……. 언제 다시 이곳을 찾아오게 될는지. 한숨 자고 일어나니 어느덧 포항여객선터미널에 도착해 있었다. 자전거를 갖고 있는 나는 역시나 맨 마지막에 내리게 되었다. 도착 시간은 저녁 7시, 주변이 어두워지기 시작했다. 내일 호미곶에서 일출을 보기 위해 부지런히 야간 라이딩을 시작했다. 왠지 마지막이라고 생각하니 위험하다며 기피했던 야간 라이딩마저도 아쉬운 느낌이다.

2시간 정도 달렸을까? 오늘 호미곶까진 충분히 갈 수 있을 거라 생각했지만 벌써 밤 9시가 넘었고, 마침 텐트 치기 아주 적합한 암자 하나를 발견하여 페달을 멈췄다. 호미곶에서 5km 정도 떨어진 이곳에 텐트를 치고 누우니 이내 10시가 넘었다.

다음날, 일출을 보기 위해 새벽 5시에 일어났다. 내가 이렇게 일찍 일어나다니. 여행 중 보게 될 마지막 일출이라 더 부지런을 떠는 건지도 모르겠다. '마지막'이란 단어는 별것 아닌 일에도 특별한 의미를 부여하는 힘이 있다. 마지막 만남, 마지막 한 그릇, 마지막 발걸음 등. 나의 오늘 하루도 다른 이에게는 어제와 같은 오늘일 테지만 지금의 내겐 여행의 마지막 하루, 마지막 일출이므로 더 소중하게 느껴졌다. 그럼 마지막 일출을 맞이하러 가볼까? 텐트를 접고 떠날 채비를 하는데 내 옆으로 어부 아저씨께서 다가오셨다.

"자네. 어디서 온 사람인가?"

"안녕하세요. 울산에서 왔어요. 자전거여행 중이고요. 여기가 텐트 치기 딱 좋아서 하룻밤 야영했어요."

"그랬어? 저 옆에 컨테이너 건물에 들어가서 따뜻하게 자도 되는데. 그나저나 젊은 사람이 대단하네. 그럼 이제 어디로 갈 예정이야?"

"울산으로요. 이제 여행 막바지거든요."

울산으로 간다고 대답하니 무언가 이상한 느낌이다. 이제 정말 끝나 가는구나. 아저씨와 헤어진 뒤 일출을 보기 위해 호미곶 방향으로 달리기 시작했다. 그런데 얼마쯤 달리니 산 너머로 이미 해가 뜨기 시작했다.

혜혜...
새벽 5시에 일어난
보람도 없이,
이게 뭐람!

죽을 똥 살 똥 달려봤지만 도착하기엔 턱도 없다. 마지막이니 만큼 조금은 운치 있게 떠오르는 태양을 마주하고 싶었는데 이게 뭐람. 결국 포기하고 그 자리에 걸터앉아 여유롭게 일출을 바라보기로 했다. 마지막 일출이 뜨고 있다.

Episode 64.

집으로

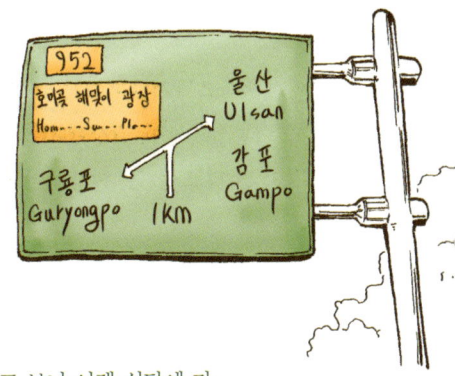

드디어 표지판에 '울산'이 보이기 시작. 이제야 여행이 끝나간다는 실감이 났다. 그리고 왠지 모르게 설레는 기분이 들었다.

> '그냥 표지판일 뿐인데.
> 왜 이렇게 가슴이 뛰지? 그러고 보니 이젠 식당에 가서 밥 얻어먹는 일도 없겠구나. 어차피 마지막이니 오늘은 식당 말고 다른 곳에서 끼니를 해결해볼까?

내친김에 비장한 마음으로 길가에 보이던 슈퍼마켓에 들어갔다.

> '좋아. 이번이 진짜 마지막이야.'
> "계세요?"
> "네. 무슨 일이세요?"

다리가 성치 않으신 아주머니께서 불편한 몸을 이끌고 안쪽 방에서 나오셨다. 간단히 사정을 말씀드리니 아주머니께서는 잠시만 기다리라고 한 뒤 주방에서 이것저것 챙겨 나오셨다.

"이거 떡하고 딸기인데 가시면서 드세요."

"헉, 이렇게나 많이. 감사합니다!"

"뭘요. 잘 먹고 즐거운 여행 되세요."

무전여행은 마지막까지도 나에게 많은 것을 일깨워주는구나.

처음 여행을 떠나기 전 나조차도 무전여행의 성공 여부에 대해 의문을 품었다. 과연 성공할 수 있을까? 굶어 죽지나 않을까? 어머니 역시 쫄쫄 굶어 살이 쪽 빠진 몰골로 병원에 실려 집에 돌아올 거라 호언장담을 하셨고 말이다. 하지만 그런 예상과는 달리 많은 이들의 도움을 받을 수 있었다. 그들이 없었더라면, 그들을 만나지 못했더라면 여행은 애당초 실패로 끝났을 것이다. 수많은 사람과 만나고 헤어졌다. 그들과 함께하며 내가 느낀 가장 큰 깨달음은 바로 '세상은 언제나 사랑과 정이 넘친다는 것.'

이 단순한 진리를 몸소 깨달았다는 것이다. 몸으로 직접 부딪혀가며 얻은 것이기에 이 단순한 진리는 앞으로 살아가는 내내 내 행동과 말투, 생각 하나하나에 깊게 뿌리내릴 것이다.

이런저런 생각을 하며 페달을 밟고 있는데 어느덧 저 멀리 '울산광역시'의 표지판이 보이기 시작했다.

Epilogue

나는 또 다시 페달을 밟는다!

40일간의 전국일주를 마치고 집으로 돌아왔다. 길다면 길고 짧다면 짧은 나날이었다. 겉으로 보기엔 예전과 지금이 차이가 없어 보일지 모르지만 내 몸과 마음은 여행을 떠나기 전과는 많이 달라져 있었다.

근육이 붙어 탄탄해진 허벅지, 왠지 모르게 넘쳐흐르는 자신감, 석달 굶은 거지처럼 왕성해진 식욕까지……. 확실히 무언가 달라진 게 느껴졌다. 그와 동시에 여행의 후유증도 찾아왔다. 그건 바로 다시 떠나고 싶다는 열망이었다. 여행을 하며 만났던 수많은 이들, 아름다운 풍경, 다양한 사건사고들……. 그 하루하루가 내 총기 없고 반복되던 지루한 일상에 한줄기 빛과도 같은 신선함을 안겨주었으니까.

그 부름에 못 이겨 얼마 후엔 인도 자전거 여행을 다녀오게 되었다. 그렇지만 열대지방인 만큼 인도에서 자전거를 탄다는 건 쉬운 일이 아니었다. 날씨도 날씨거니와 수많은 차량과 거리를 제집 안방처럼 마음껏 활보하는 소들, 오토릭샤(바퀴가 3개 달린 인도의 교통수단)와 사이클릭샤 등으로 거리는 정신없이 북적거렸다. 하지만 환경이 사람을 만든다는 말도 있듯 일주일쯤 지나자 나 역시 도로를 안방마냥 편안하게 드나들 정도의 스킬을 쌓을 수 있었다.

그렇게 한 달쯤 지났을까. 별 사고 없이 다니다 보니 나도 모르게 자만감이 샘솟기 시작했고 결국 화를 부르고 말았다. 차량 접촉사고가 일어나고 만 것이다. 다행히 가벼운 사고였기에 다친 곳은 없었지만 자전거를 계속 타고 여행하기에는 무리가 있어 어쩔 수 없이 자전거를 버리고 배낭여행으로 여행의 형태를 바꾸게 되었다. 그때부턴 기차와 버스를 타고 다니며 다채로운 인도의 모습을 내 눈에 하나씩 새겨 넣었다.

다양한 신과 종교, 카스트제도, 거리의 수많은 거지와 그 옆을 유유히 지나가는 포르셰. 같은 나라 안에서도 이렇게 빈부격차가 심하고 삶의 형태가 다를 수 있다는 것에 새삼 놀랐다.

인도여행을 마치고 돌아온 뒤, 난 그야말로 여행의 매력에 푹 빠져버렸고 지금은 중국과 일본 자전거여행을 준비하며 여비 마련을 위해 아르바이트를 하고 있다. 무엇이 이토록 날 떠나도록 부채질하는 걸까? 그건 아마도 사람인 것 같다. 여행을 하며 아름다운 풍경과 일출, 일몰을 수도 없이 보았다. 하지만 여행을 마치고 돌아와도 언제나 내 기억 속에 남아 있는 건 그런 풍경보다 사람들이다. 잠깐 스쳐 지나간 인연을 비롯해 친절을 베풀어준 사람들까지. '또 다른 그들'을 다시 만나기 위해 여행을 갈망하는 게 아닐까.

아르바이트를 하는 곳에서는 날 보며 아저씨들이 한마디씩 하신다.

"여행하는 것도 좋지만 이제 취직하고 자리도 잡아야 하지 않
겠냐?"

물론 옳으신 말씀이다. 그러나 여행을 하며 항상 날 부러워했던 이
들은 시간만 내면 떠날 수 있는 20대의 젊은이들이 아닌, 직장과
가정에 얽매인 30, 40대의 아저씨들이었다. 결혼과 취업 역시 중
요하지만 그 나이대가 아니면 하기 힘든 일, 그건 바로 젊음을 좀
더 즐기는 것이 아닐까.

지금 할 수 있는 일을 하기 위해, 젊음을 누리기 위해.

나는 또 다시 페달을 밟으며 앞으로 나아갈 것이다.